中国轻工业“十四五”规划立项教材
“互联网+”新形态立体化教学资源特色教材

景观设计概论
（第二版）

主　编　　邴智强
副主编　　邴　鹏　杨　梅　乔　磊

中国轻工业出版社

图书在版编目（CIP）数据

景观设计概论 / 呙智强主编. —2 版. —北京：
中国轻工业出版社，2024.1
ISBN 978-7-5184-4471-7

Ⅰ. ①景…　Ⅱ. ①呙…　Ⅲ. ①景观设计　Ⅳ.
① TU986.2

中国国家版本馆 CIP 数据核字（2023）第 114290 号

责任编辑：李　红　　责任终审：李建华　　整体设计：锋尚设计
策划编辑：王　淳　李　红　　责任校对：吴大朋　　责任监印：张　可

出版发行：中国轻工业出版社（北京鲁谷东街5号，邮编：100040）
印　　刷：艺堂印刷（天津）有限公司
经　　销：各地新华书店
版　　次：2024年1月第2版第1次印刷
开　　本：889×1194　1/16　印张：7.75
字　　数：220千字
书　　号：ISBN 978-7-5184-4471-7　定价：49.80元
邮购电话：010-85119873
发行电话：010-85119832　010-85119912
网　　址：http://www.chlip.com.cn
Email：club@chlip.com.cn
如发现图书残缺请与我社邮购联系调换
221352J1X201ZBW

前言

环境“景观”是人类在长期的生存过程中，围绕人的工作、学习、生活，对空间景象的艺术化创造，它是人类在漫长的历史中将物质实体与精神内涵完美结合的产物。为深入贯彻落实党的二十大精神，全面贯彻《普通高等学校教材管理办法》，通过教材建设助推教学改革，在新的形式下，对本教材做了一定的调整与改进，使该书全面诠释了景观设计内涵，对培养景观设计思维能力、增强本民族文化自信起到促进作用。

本书在第一版的基础上增加了一定的景观艺术设计基础内容，同时，增加了大量景观案例图片，及有关中国本土景观设计的内容和景观案例，增添了有关设计方法方面的内容，使该书的内容得到更加全面的体现。本版内容仍然从洞穴岩石壁画造景开始起笔而展开各章节的撰写。从旧石器时代人类最早的洞穴岩石壁画开创人类对自身环境设计的先河，到今天开始大量使用新型的工艺、技术、材料，促进了人类的进步和不断发展。该版体现了中华传统文化对景观设计的影响和中华优秀传统景观所蕴含的民族高度审美精神，导出了景观设计的本质：“人法地、地法天、天法道、道法自然”，道出了人与环境的共生观，也道出了景观设计“以人为本、回归自然”的主题。环境“景观”的意义不仅在于赏心悦目，同时也是人类自身保持生存发展所要求的，它是将建筑、植物、水体、环境设施等多元要素进行综合的空间创作艺术。

景观设计对于我国教育界而言，属于边缘型、应用型学科，中国对于景观设计的研究基于中国五千年文化的精髓，已经达到了比较成熟的水平。景观设计作为一个多学科交叉融合的专业，要求一个景观设计师必须具备多方面的能力：要有独特新颖的艺术创作和设计表现能力，较强的逻辑思维能力，综合的组织和管理能力且需要系统的传统民族文化熏陶。景观设计创意要在传统文化的提炼中发生发展。景观设计需要有对大自然执着的热爱，只有通过对大自然的学习和研究，才能获得对景观设计的最基本概念和认识，而且其中自然所赋予的景观精神和审美特征也是人类创造景观的源泉所在。随着新兴学科的不断发展，景观设计的理论、方法也不断得到发展和完善。特别是人体工程学、生态环境学、经济学、运筹学等在景观设计中的广泛应用，使景观设计更加合理，更符合可持续发展的要求，符合人类发展的需要。

景观设计应该把人的生活同自然、历史及文化联系起来，形成一个整体。在景观设计中，要解决一切有关户外空间设计的问题，比如户外空间中建筑与建筑、建筑与植物、建筑与人、人与植物等关系问题。景观设计就是要让人类同周围的建筑物、社区、城市以及他们生活的地球和谐共处。

景观设计是人类生活环境的一个组成部分，它能完善和提高城市社区的环境质量，使人类和自然处于和谐的空间之中。随着信息时代的到来，进入21世纪的景观艺术设计发生了重大的变革，本书的编写便紧紧抓住了景观设计的时代的脉搏，以全新的思维来审视景观设计，希望能对读者有所启迪。

本书的编写力求科学性、理论性、知识性、前瞻性、实用性于一体，力求观点新颖明确、述理深入浅出、版面图文结合，可读性、可操作性强。本书从景观设计的概念和发展入手，深入介绍了景观设计的类型、方法和准则，从景观心理学、景观哲学、人体工程学等多种角度全方位、立体式的对景观设计进行阐述。

除封面属名的作者外，在该版编写过程中，山东师范大学校长、博士生导师曾庆良教授，景德镇陶瓷大学校长、博士生导师吕品昌教授，中央美术学院公共艺术学科带头人、博士生导师王中教授，广西文联副主席、广西美术家协会主席石向东教授，潍坊市建筑设计研究院崔荣平教授，姜云山高级工程师给予了深入的专业指导意见。

同时，在该版的编写过程中，山东艺术学院远宏教授，北京工业大学刘凯威老师，景德镇陶瓷大学余建峰教授，山东工艺美术学院李霁教授、李岱梅教授、吕红教授、王俊涛教授，中国石油大学王志刚教授、金涛教授、孙峰教授，青岛大学许雅柯教授，青岛科技大学李宏文教授，山东理工大学张之烈教授，山东科技大学孟鸣教授、王书侠教授、甄珍教授、仇同文教授、贾乐宾教授、李雪瑞教授、王海涛教授、孙德波教授，美的集团微清事业部上海创新中心张修强主任，上海俊洋科技有限公司王淑玉总经理,传统文化学者高峰先生也为本书的编写做了大量工作和支持，在此一并致谢。

编者

目 录

第一章

绪论

教学目标和要求

通过本章的学习，学生能够掌握景观设计的概念、发展历程以及景观设计的目的与任务。

PPT课件

第一节　景观设计的概念

一、“景观”一词的出现及演变

“景观（Landscape）”原是地理学上的一个名词，有“风景”“景色”之意。从汉语词义上理解，“景观”是“景”与“观”的统一体，是客观景物与人的视觉欣赏的统一。“景”是现实中存在的客观事物，而“观”是人对“景”的各种主观感受与理解，“景”与“观”实际上是人与自然的和谐统一。

在西方，“景观”的概念最早是与风景画有着密切联系的。15世纪，欧洲一些画家热衷于自然美景，由此出现了大量描绘自然风景的绘画作品。16世纪，“风景画派”成为独立的绘画派别。同时，风景也成为人物画的背景出现在整个绘画构图中，并占有重要的地位。17世纪前后，画家们对于自然风景的认识和描绘达到了一个新的高度，其中许多作品都表现出了精美无比的空气感和景深感，这是风景画的一大进步。这段时间，出现了大量贴近自然现实，又具有理想化美感的风景画作品。“景观”开始成为特指风景画的专门术语。19世纪，“景观”一词被引入地理学的概念中，从此，开始作为一个专业名词被广泛使用，并具有类似现在“景观”的含义。在我国艺术史上，“景观”与中国山水画和中国园林艺术有着密切关系，有着丰富的内涵。

景观作为一个专业名词，从艺术的角度来说，是具有审美价值的景物，使观察者从视觉、听觉和触觉等多方面都能感受到美的存在；从精神文化的角度来说，景观是能够影响或调节人类精神状态的景物；从生态的角度来说，景观是能够协调人类与自然之间的生态平衡的景物。

景观的形式多种多样，小到花园、庭院、街道……大到广场、公园、海岸……都是景观。景观包罗万象，凡是环境中具有美感的物象都属于景观的范畴。景观作为一个可感知的行为空间，可以是大范围的，也可以是小范围的，可以是开敞的，也可以是闭合的，可以是室内的，也可以是室外的。

景观是一个时代的社会经济、文化以及人的思想、观念和意识形态的综合反映，是社会形态的物化形式。景观既是一种自然景象，也是一种生态景象和文化景象。几千年的实践证明，具有长久生命力的景观与社会的生产方式、生活方式有着密切联系，和科学技术水平、文化艺术特征、历史、地理等密切相关，它反映了时代与社会的需求、技术发展和审美价值的取向。

二、景观的范畴

景观有大自然的绝妙之笔，也有人类的智慧创造。从人类与景观的关系上分，景观包括自然景观、人造景观以及处于两者之间的复合景观。

（一）自然景观

自然景观是指自然界各要素相互联系、相互作用所形成的景观物象。自然景观是天然形成，非人力所为的景观形态，反映了大自然原有的风貌。如荡气回肠的德天大瀑布、风景秀丽的九寨沟等都是大自然的鬼斧之作（图1-1）。

自然景观形式多种多样，有奔腾不息的河流，有汹涌澎湃的海洋，有巍然耸立的高山，有一望无际的沙漠，有茂密幽深的丛林，有绵延不绝的大草原，有斑驳多彩的岩石群……

自然景观是由自然地理环境要素构成的，主要包括地貌、生物植被、水文以及气候条件等。在自然景观中，某个要素发生变化必然会引起其他各要素相应的变化，进而导致整个景观构筑的变化。这种自然景观的高度整体性，表现了自然景观内部各要素的有机融合。

人类与自然景观相辅相成，不可分割。早在几千年

（a）德天大瀑布

（b）九寨沟

图1-1 自然景观

前，庄子就曾说过："天地与我并生，万物与我为一。"这种哲学思想反映了中国古人从自然界获取了生存条件，同时必须与自然环境相依存的观点。自然景观不但为人类提供了生存的必备条件，也在无形之中陶冶着人类的情操，给人以精神上的愉悦与满足。

"登泰山而小天下"的宽广胸怀，"采菊东篱下，悠然见南山"的闲适心境，都是自然景观所赋予人类的情怀。而人类作为自然界中最高级的生命形式，也为自然景观增添了很多灵气。许多自然景观千百年来由于有了人类的活动才有了浓郁的历史氛围，具有无限的魅力。

（二）人造景观

人造景观是指人类通过有目的、有计划的规划、设计而形成的景观物象。人造景观是人类活动所留下的具有观赏价值的艺术成就和文化结晶，是人类对自身发展过程科学的、历史的、艺术的概括。人造景观在人类的居住环境中占据着重要地位。如一片风景秀美的居住区绿地，一座充满生机的花园，古老而神秘的金字塔等都是凝聚着人类智慧的人造景观（图1-2）。

（a）居住区绿地

（b）各种建筑景观的融合

图1-2　人造景观

人造景观是人类活动所留下的痕迹和实物，是人类历史的见证，在内容、形式、结构、格调等方面都具有历史特点，是历史发展进程中必然与偶然相结合的产物。同时还表现出明显的地域性和民族性。人造景观既包括有形的物象，也包括无形的精神。

（三）复合景观

复合景观是自然景观与人造景观经过有机融合而组成的浑然一体的新景观。复合景观中的人造景观除了以具体的形式与自然景观相融合以外，还以一种精神文化的形式渗透到自然景观中，形成一个和谐、统一的有机体。在中国，复合景观的建设和发展遵循着中国文化“天人合一”的宇宙观，人造景观部分与自然景观部分很好地融合在一起，形成了人文与自然的统一。在实际的景观设计中，绝大部分属于复合景观，中国古代的园林崇尚山水写意，成为复合景观的典范。被誉为“五岳之首”的泰山也体现了人造景观与自然景观的完美结合，形成了特有的复合景观形式（图1-3）。

三、景观设计的概念

从宏观意义上讲，景观设计是对未来景观发展的设想与安排，是用于资源管理与土地规划的有效工具。其主要任务是按照国民经济发展的需要，提出景观发展的战略目标、发展规模、速度和投资等。这种宏观意义上的景观设计通常是由相应的行政部门制定的。

从微观意义上讲，景观设计是指在某一区域内创造一个具有形态、形式因素构成的较为独立的，具有一定社会文化内涵及审美价值的景物。具体来说，是对某一地区所占用的土地进行安排和对景观要素进行合理的布局与组合，并体现其一定的使用价值与审美价值。例如，对某一居住小区进行景观设计，要根据该小区的总体规划，确定景观设计的主题思想，再确定各景观实体的分布、比例以及所占用的面积，估算景观工程费用以及完成所需的时间等。这种微观意义上的景观设计是围绕地形，从时间和空间上对各景观实体进行有效的设计与安排，使其符合生态、社会和经济发展的要求，同时又要保证景观各要素之间的有机融合，以满足景观的视觉审美要求，创造出风格独立，有生机、有力度、有内涵的景观效果。本书所阐述的主要是微观意义上的景观设计（图1-4）。

图1-3　泰山孔子登临处

从微观意义的角度上看，景观设计应具有两个基本属性：一是自然属性，即它必须有一个相对独立的空间形态，具备形、色、体、光等可感因素。例如，一座现代化的城市广场不仅要占据一定的城市空间，其本身也要有独特的造型布局，要配备相应的声响以及照明等，这一切可观、可感、可触的物象体现了景观设计中的自然属性；二是社会属性，即它必须有一定的社会文化内涵，具备使用功能、观赏功能及改善环境和保护生态的功能。通过其社会属性，可以引发人的联想、移情、情趣等一系列心理反应，即所谓的景观效应。景观效应是指作为审美客体的景观与作为审美主体的人之间发生的相互感应和相互转化关系。景观效应取决于景观和人之间的相互关系。例如，站在逶迤绵延的万里长城上，人们会看到长城之外的秀丽风光，会联想到几千年前的秦始皇，也会被人类的智慧与力量所折服……这些都体现了景观设计的社会属性以及景观所产生的效应。

景观设计实质上是关于土地的分析、规划、设计、管理的科学与艺术，是在不同尺度的土地上建立人与自然、人与人、人与精神三者之间的关系的一门学科，是在充分认识自然自身功能的基础上，通过进行改造、管理、保护、修复，使自然环境更适合于人居住。从大的方面讲，景观设计是指人在自然环境中的创造活动；从小的方面讲，景观设计是指人在城市环境中具体的艺术

图1-4 滨水景观设计

造型活动。

景观设计主要包括两个基本要素，即景观实体与景观的性格。景观实体是组织景观的物质要素。每一个景观实体都涉及具体的形态、材料、色彩等方面的基本属性。景观的性格是指景观实体之间的关系和秩序。不同性格的景观形成了丰富多彩的景观效果。景观实体是景观设计的具体物化形式，利用有限的景观实体可以创造出无限的景观性格。从一定程度上说，景观设计就是利用物化的景观实体来创造具有一定要求的景观性格，来系统、整体地提高人类的审美认识水平。

四、景观设计与相关学科

景观设计是一门年轻的综合性的边缘学科。与景观设计相关的学科十分广泛，包括自然科学和人文科学等众多学科领域的知识。

第一，景观设计是以人为本的设计，对人体和心理的研究是景观设计中一切功能的基本依据。人体工程学中对人体尺度及人体活动范围等方面的研究为景观设计提供了生理方面的依据。各种心理学从人们对景观的认识、理解和创造的角度为景观设计中对人的行为模式和心理态度的分析提供了科学依据。

第二，景观设计与生态学有着密切的关系，现代景观设计是在尊重自然、维护生态平衡的基础上对人类生存空间进行有效治理、开发与设计的。

第三，景观设计还融合了其他多门学科的理论，并且相互交叉渗透，主要涉及建筑学、城市规划、园林学、植物学、光学、声学、环境科学、人类文化学、测绘、计算机技术等许多学科的理论知识。

第四，景观设计还与艺术、美学有着密不可分的联系。景观设计是建立在艺术、美学基础上的一门学科。景观设计是科学与艺术的完美结合。

随着新兴学科的不断发展，景观设计的理论、方法也在不断发展和完善。特别是人体工程学、生态环境学、经济学、运筹学等在景观设计中的广泛应用，使景观设计更加合理，更符合可持续发展的要求及人类发展的需要。

第二节　景观设计的发展历程

约47亿年前，随着地表冷却，水气凝聚，大气层产生，地球上便有了生命，地球也因此成为宇宙中一颗有生命活动的行星。与地球文明相比，人类文明是极其短暂的。约300万年前人类开始了劳动创造，打制出石器工具，开始了调整自身以适应自然或改造自然的伟大工程，由此产生了人类思想的伟大革命——改变自身生存的“设计”。

人类用了几万年的时间，摆脱了与动物相似的树栖洞居的生存方式，建立起美丽如画的家园。人作为大自然的产物，不仅能适应自然，还学会了如何利用自然、改造自然，以改善周围的生存环境。景观设计作为人类改善自身生存环境的手段之一有着悠久的发展历程。

一、中国景观设计的发展历程

（一）原始社会

原始社会人类主要居住在洞穴中，周围是森林和河流。有水源、食物来源、安全的地域是当时人类定居的首选之地。这一时期出现的洞穴岩石壁画表达了原始人对自然界最初的认识和感知。有的描绘的是一种生活场景，如狩猎等；有的反映了原始人的一种图腾崇拜及信仰。洞穴壁画的出现，说明人类开始有计划地改造山洞，让它不再单纯是大自然的产物，开始有了人类自己的印记，体现了原始人对美的向往与追求。

旧石器时代的人类已经会在自己居住的山洞中划分出一定的区域，每个区域都有各自不同的功能。例如，在一些宽敞的空间内生起火堆，在某个特定的坑内堆放着人的遗骨，在一些常人难以接近的区域内制作壁画等。原始人对山洞的区域性划分体现了最原始的“规划与设计”意识。

新石器时代，人类走出洞穴，开始动手建造具有设计意义的可供居住的构筑物——地穴，这成为建筑景观的萌芽，对后来建筑景观的发展具有深远影响。

随着氏族家庭的繁盛，出现了一些由家庭结成的小群体，即原始村落的雏形。原始村落体现了明显的“景观设计”意识。一般横纵方向都呈整齐排列，明显分为三个区。村落的周围是围墙和壕沟，村落里的居民等级不同，所居住的建筑大小和样式也不同。原始村落景观设计不仅给人类带来了物质上的生存保障，同时也让人们有了邻居，有了个人和团体的概念，从而衍生出了原始村落的风俗与文化。原始村落已经成为人与人，人与自然多重关系的载体，原始村落中“景观设计”意识的不断发展，从侧面反映了人与人、人与自然关系的不断复杂化，反映了人类的进步与发展。原始社会，出现了人类早期的公用建筑设施，最早的大概是公共牧场，随后发展出了其他的公用设施。

（二）黄帝时期到周朝

我国造园历史非常悠久，黄帝时期的玄圃是最早有史料记载的人造景观。尧舜时期，开始设立专门官员掌管“山泽苑囿田猎之事”。夏朝时，帝王苑囿的风格由自然美趋向建筑美。“囿”属于最古老的造园活动，最初的“囿”就是划分一定的地域范围，让花草树木和鸟兽等繁衍滋生的场所，还挖池筑台，供帝王娱乐。中国早期规模较大的景观设计，源于殷商时期。殷商时期，造园活动频繁，开始修建都市，有高墙围绕，并建有高台作为娱乐眺望之用，主要为帝王服务。

（三）春秋战国时期至秦汉

春秋战国时期，诸子百家思想齐鸣，绘画艺术也有了相当的发展，开拓了人们的思想领域，诸侯造园开始盛行。筑城体系是随着战争的出现而产生的一种建筑形式，又随着兵器和战术的发展变化而演变。秦朝统一中国后，开始大兴土木，先后修建了规模宏大的宫殿和万里长城（图1-5）等。汉朝时，帝王权贵修建各种宫室殿堂成为风尚，体现了封建帝王的权力和森严的封建等级制度。

（四）魏晋南北朝时期

魏晋南北朝时期，战争纷乱，是历史上的一个大动乱时期。这一时期，人们在思想、文化、艺术上都有较大的变化，同时引起了景观设计创作的变革。南北朝时，佛教盛行，佛寺丛林不断出现。私家园林的修建多以写实的手法来表现自然美。

（五）隋唐时期

隋朝统一了南北朝时期的混乱局面，其离宫别苑规模宏大，奇巧富丽，多采用布景式造园。在别苑中以隋炀帝的西苑最为著名，采取了湖、渠水系为主体，将宫苑建筑融于山水之中的手法，中国的建筑景观开始向山水建筑景观转化。唐朝国富民强，先后涌现出许多公共游乐之地，如长安城规划布局科学合理，成为当时著名的国际大都市；曲江风景秀丽，成为著名的游乐之地。景观发展非常繁盛，多建在山林中，占地面积大。这一时期私家庭院的建设逐渐达到高潮，奇石盆景也开始出现。

图1-5　万里长城

（六）宋元时期

两宋时期受唐朝活泼而充满生机的景观风格的影响，同时也受山水画的影响，山水宫苑的发展十分繁盛。建筑景观技术也有相当的发展，出现了《营造法式》等书。奇石盆景的应用在当时的景观设计中已成为一种普遍现象。元代属于少数民族统治时期，庭园发展仍很繁盛，重情味与写意，如御苑、南苑等。这一时期，士人多追求抒发情怀、表现人格的庭院场所，如狮子林等。

（七）明清时期

明清时期，景观建设有了长足发展，出现了许多著名的景观设计，如圆明园、玉泉山等。北京故宫博物院是现在保存下来的规模最大、最完整，也是最精美的宫殿景观建筑。北京故宫博物院的设计思想更是突出地体现了封建帝王的权力和森严的封建等级制度。例如，主要建筑除严格对称地布置在中轴线上外，特别强调其中的“三大殿”，“三大殿”中又重点突出强调举行朝会大典的太和殿。

二、国外一些国家景观设计的主要发展特点

（一）古埃及

古埃及是景观设计起源较早的国家，受其地形和环境影响，古埃及的景观中多采用方形、平面的几何形式，以表现其直线美。景观建筑材料以石材为主，金字塔是古埃及景观的典型代表（图1-6），整个塔采用正四棱锥的造型，四周布置规则对称的树木，中轴是笔直的道路。金字塔的前面留有广场，与正门相呼应，整个景观的构成是一种规则的几何形式。

（二）古希腊

古希腊是欧洲文化的发源地，受中东和埃及的影响，加上自身环境条件的特点，成为欧洲公园和庭院景观的发祥地。古希腊的景观造型主要是几何形的，且以

图1-6 金字塔

实用为主，多以水池为中心，周围绕以廊柱。布置美丽的雕塑是古希腊景观的显著特点之一，雕塑多取材于得胜的运动员和宗教中的神的形象。

（三）英国

16~18世纪的英国受外界影响较少，主要发展了风景式的景观设计风格，改变了严重的几何式的布局。庭院周围的边界完全取消，不用墙篱等围绕。后来，英国又发展了混合式景观布局，综合了几何形和自然式。如在自然式的景观中加入一些人工几何式的构筑物；在景观的中心采用几何式，在周围用自然式。

（四）日本

日本景观设计在早期深受中国景观设计的影响，后来受西方的影响，再加上自身在景观设计中的长期实践和创新，其景观设计形成了本国的特点。在日本，由于禅宗很盛行，在其影响下，枯山水式庭院景观发展起来。这种庭院一般规模较小，以造景石头为主要的组景对象，用白沙来代表水面（图1-7）。

图1-7 日本枯山水式庭院景观

第三节　景观设计的目的与依据

一、景观设计的目的

景观设计是科学与艺术的结晶，是环境设计的重要组成部分，融合了工程与艺术、自然与人文科学的精髓。好的景观设计，可以使杂乱无章的生活环境变得有条有理，为人们创造一个高品质的生活居住环境，帮助人们塑造一种新的生活意识。景观设计主要有以下几个目的。

（一）使用目的

使用目的是景观设计最为直接的目的，每个景观都有其具体的用途。通常情况下，景观设计的使用目的是明确的，其会影响设计方案的制定和景观内建筑及相关设施的设计。景观设计的使用目的主要体现在景观设施的使用上。例如，设计一个令人满意的街心公园，最为基本的设施应该有舒适座椅，还应该有相应的安全设施、卫生设施、服务性设施和夜间照明设施等，否则就会让人感到不方便、不舒服。

（二）美化环境，提升环境文化水平

景观设计的最终目的是美化环境，改善人类生存空间的环境质量，在人与人之间、人与自然之间创造和谐。景观设计有鲜明的美化环境的功能，这种美化功能不仅体现在景观设计的整体布局上，更体现在景观设计的每个审美细节上。凡致力于人与自然、人与人的和谐关系，致力于可持续发展的文化形态，即是环境文化。一个地区的环境文化体现了这个地区的精神状态，也是一个地区文明的高度体现，并决定该地区的品位和发展潜力的文化力量。因此，从某种意义上来说，一个地区的环境文化蕴含了该地区的活力、吸引力和生命力。优秀的景观设计作品能够很好地美化环境，提升环境文化内涵，凸显地区环境文化水平（图1-8）。

图1-8　塑造了一种宁静氛围的景观

（三）满足人的精神需求

景观设计的美学价值源于人类的精神需求。景观设计的目的之一就是要给人们带来最大程度的精神享受。由精神需求延伸出的对景观的审美要求包括自然性、稀有性、和谐性、多彩性，空间上的开放结构与闭合结构的联合，时间上景观景色随季节或年度的变化而变化。人与景观所发生的相互感应和相互转换关系，通过意境的表达，给人以美的享受，陶冶人的情操。

优秀的景观设计对于生活在其中的人们起着陶冶情操、净化心灵的作用，也为人与人之间的交流提供了丰富多样的场所。景观空间组织体现了一个地区的文化渊源和人文精神，能够满足人的精神需求（图1-9）。

（a）具有悠远凝重美感的雕塑

（b）布达拉宫

图1-9 景观与精神需求体现

二、景观设计的依据

景观设计最终要设计出风景如画、健康舒适的环境。景观设计是一个社会经济、文化以及人的思想、观念和意识形态的综合反映。

（一）科学依据

景观设计要依据相关的科学原理和技术要求进行。例如，在对一个湖泊及周围环境进行地形和水体规划时，必须要对该地区的地质、水文、地下水位、土壤等的具体情况进行详细了解。可靠的科学依据，为景观设计提供基础依据。景观设计涉及科学技术方面的问题很多，有水利、土方工程技术方面的，有建筑技术方面的 ，有植物种植与管理方面的等。因此，科学依据是景观设计的首要依据。

（二）经济条件

经济条件是景观设计的重要依据。同样一处景观规划，投资不同，采用的方案就不同，最终产生的景观效果也不同。作为一名景观设计者，应当在有限的投资条件下，发挥最佳设计创意，节省开支，创造出最理想的景观作品。

（三）社会需求

景观设计在一定程度上反映了社会意识形态，要为大众的物质和精神文化建设服务。景观设计者在进行景观规划与设计时，要注意了解当地人的心态与要求，以创造出满足不同年龄、不同兴趣爱好、不同文化层次的人们的要求，因此，景观设计在社会需求方面要求大众化。

（四）功能要求

景观设计要根据人们的审美要求、功能要求、活动规律等方面的内容，创造出景色优美、环境卫生、情趣健康、舒适方便的景观空间。在进行设计时，不同的功能分区，应采用不同的设计手法。

思考练习题

1. 结合实际与所学内容，谈一谈在景观设计中如何将自然景观与人文景观有机结合起来，创作出具有时代美感的作品。
2. 简述中国景观设计的发展历程。
3. 简述景观设计的目的与依据。

第二章

中国传统文化对景观设计的影响

教学目标和要求

通过本章的学习，学生能够充分了解中国传统文化对景观设计的影响。

中国的景观设计思想源于中国传统文化，中国人的传统世界观主要是建立在儒、道、佛三家交融杂糅的基础之上。中国人认为，人与自然关系的最高准则是“天人合一”。

PPT课件

第一节　中国儒家思想对景观设计的影响

一、中国儒家思想概述

春秋战国时期，孔子（公元前551—前479年）创立了儒家学说。汉代时，汉武帝采纳董仲舒的“罢黜百家，独尊儒术”的思想，将儒家思想政治化，使儒家思想成为中国封建社会的正统思想。到了宋代，在封建权力的支持下，儒家思想完成了自己的理论体系。它以中国封建伦理的“三纲五常”为指导思想，同时又吸收了不少其他各家的思想，形成了君臣庶民之间森严的等级制度。“四书五经”是儒家思想的成文经典，祭天、祭孔、祭祖是规定的封建宗教仪式。

从根本上讲，儒家思想是关于修身、齐家、治国、平天下的“礼”学思想，在封建社会中建立秩序的理论，同时也表现了一定的对待人生的积极态度，“智者乐水，仁者乐山”就表现了一种积极豁达的人生态度。儒家思想可以称为中国的行为伦理学，特别是对于中国古代的封建社会来说，起着关键性的作用。

二、儒家思想对中国景观设计的影响

中国古代的城市规划及景观设计一般符合儒家的哲学思想，如北京城和南京城的空间秩序、北京的四合院，都受了儒家思想的影响。儒家思想影响下的景观设计一般具有严格的空间秩序，讲究布局的对称与均衡。皇家园林、宫殿建筑是最具典型性的受儒家思想影响的景观（图2-1）。

图2-1　北京故宫博物院鸟瞰图

古典文人园林也同样体现了儒家思想。中国历史上的儒家学士饱读诗书，但受儒家君臣的限制，他们在政治上往往不得志，隐居往往是他们的一种无奈表现。为了宣泄壮志难酬的情感，他们往往寄情于物，中国古典的文人园林不少是在这种情况下建造的，从园林中的题名和文字可窥一斑。如拙政园（图2-2），园主王献臣原来是明朝弘治年间的进士，后来受东厂诬陷，罢官回乡，修建了拙政园，寄托了强烈的社会情感，使景观设计也带有浓厚的社会意义。

事实上，儒家思想为景观设计提供了一个完全理性的理论基础，但对自然缺乏深刻的理解，可以说，儒家思想对景观设计最大的影响在于营造了一个整体化的氛围。对中国园林设计思想影响更大的禅宗和道家的思想以及风水理论，决定了中国景观设计的基本风格和走向。

图2-2 拙政园

第二节 中国道教思想对景观设计的影响

一、中国道教思想概述

道教源于古代《易经》与《老子》的道论。道教是中国土生土长的宗教，主要思想《易经》为中华文化的总源头，东汉顺帝（125—144年在位）时，张道陵创立的五斗米道为道教定型化之始。汉末，道教并未完备，到了东晋末，形成了南天师道与北天师道对峙的局面。隋唐时期，道教盛行，南北天师道逐渐合流。道教奉老子为教祖，老子、庄子是道教的代表人物。

道家思想的核心是“天人合一”观，具有天然的美学品格，是人与自然的和谐统一。道家先哲们以朴素的系统观观察整个宇宙，《庄子·齐物论》云：“天地与我并生，万物与我为一”，是庄子“天人合一”的基本思想。《礼记·乐记》提出“乐者天地之和也，礼者天地之序也”，认为整个宇宙天地处于“流而不息，合同而化”的状态之中。道家的思想方法和对世界本质的理解正是建立在“天人合一”的基础之上的，其一直影响着中国古代的美学思考和艺术设计。

二、道教思想对中国景观设计的影响

道教思想对中国古代景观设计所体现出来的美学思想的影响是全面而深刻的，如天坛、典型江南民居（图2-3）、江南园林等，就充分展示了中国古代景观设计的群体美、环境美、亲和自然之美，创造出一种“天人合一”的理想境界，体现了中国古代景观设计深厚的文化底蕴。

图2-3 江南民居

道教建筑常由神殿、膳堂、居所、园林四部分组成，其总体布局基本上采取中国传统的院落式，即以木构架为主要结构，以“间”为单位构成单座建筑，再以单座建筑组成庭院，进而以庭院为单元组成各种形式的建筑群。道宫观是道教建筑景观的主要形式，“宫”为帝王之居，也是神之所居，“观”又称“楼观”，原是古代登高瞭望的地方，也是迎候天神的地方，后世将道教庙宇称为宫观。道教的景观建筑大多是从中国古代的宫殿、神庙、祭坛发展而来的，其结构布局体量鲜明地继承了中国传统的建筑思想、格局和方法，形成了“人法地，地法天，天法道，道法自然”的独特道教建筑风格（图2-4）。

武当山是一座道教名山，位于湖北十堰市境内，北通秦岭，南接巴山，连绵起伏，纵横四百多公里。武当山山势奇特，主峰天柱一峰擎天，众峰拱卫，山上终年松柏森森，是修真练气的绝佳所在，“五里一庵十里宫，丹墙翠瓦望玲珑”。武当山古建筑景观规模宏大，在设计上充分利用了地形特点。

图2-4　道教楼观台

第三节　中国佛教思想对景观设计的影响

一、中国佛教思想概述

印度佛教在东汉时期进入我国中原，其宗教思想在我国产生了深刻的影响。佛教宣扬苦、无常、无我、缘起、解脱等教法，并强调无论任何阶级均可信奉其教说。东晋十六国时期，南北政治对立，佛教也随之出现区域差异。北方因控制河西、中原等佛教现行地区，寺院兴盛，尤其洛阳、长安等地更为突出。南朝梁武帝时佛教十分兴盛。

北方以译经、开凿石窟等为盛事，还盛行一种一族一村的佛教组织“义邑”，表明佛教已经进入寻常百姓人家。隋、唐、宋、元是佛教十分发达的阶段，寺庙、石窟建筑等方面硕果累累。

“众生平等”“慈善博爱”的思想观念与中国民众善良的天性形成共鸣，在中国得以快速传播。其精神内涵体现在景观设计方面，主要是传播佛教工具的寺庙建筑景观。

二、佛教思想对中国景观设计的影响

中国的佛教景观包括名山、寺庙、佛塔、石窟，其中寺庙、佛塔、石窟被称为三大佛教建筑景观。这些建筑景观记载了中国封建社会文化的发展和宗教的兴衰，具有重要的历史价值、艺术价值和观赏价值。

（一）佛教名山

佛教传入中国后，中国传统的山林审美观与之相结合，使大多数佛教建筑都建在自然景观优美的名山大川之中，以供修身养性之所需，于是佛教名山成为中国景观中的一大特色。峨眉山、普陀山、九华山和五台山被称为“中国佛教四大名山”。峨眉山位于四川省峨眉山市境内，为“普贤菩萨道场”。峨眉山最高峰万佛顶海拔三千零九十九米，周围千里，有石龛一百余个，大大小小的洞四十个。普陀山位于杭州湾东西的莲花洋中，系东海舟山群岛中的一岛，是“观音菩萨道场”。山上石洞奇古，寺庙众多，素有“海天佛国”“蓬莱仙境”之称。九华山位于安徽青阳境内，为“地藏菩萨道场”。五台山位于山西省东北部，又称“清凉山”，其是中国古建筑、雕塑、绘画的艺术宝库。

（二）石窟

石窟是开凿在山崖壁上的石洞，是早期佛教建筑的一种形式。石窟原是印度的一种佛教建筑景观，大多是僧侣们开凿的，是佛教徒们诵经、修行、集会的地方。石窟景观在我国主要分布在北方地区，尤以西北居多，记录了中国佛教建筑景观的发展历史。我国的石窟是仿照印度的石窟开凿的，主要用来供奉佛和菩萨。我国最著名的石窟有敦煌莫高窟，山西的云冈石窟[图2-5（a）]，洛阳的龙门石窟[图2-5（b）]，甘肃的麦积山石窟等。

（三）寺庙

为了弘扬佛法，佛教徒们就会建造各种各样的寺院、庙宇来供奉神佛，就形成了独具特色的佛教景观建筑。佛教寺庙是佛教徒供奉佛像的场所，是佛教文化的实际载体和依托（图2-6）。

（a）山西的云冈石窟

（b）龙门石窟的卢舍那大佛像

图2-5　石窟

图2-6　洛阳白马寺

寺庙建筑起源于印度，我国在南北朝时期大规模兴建寺庙成风。在我国占主要地位的佛教建筑不是石窟而是大量的佛教寺庙。寺庙一般是一种合院式的建筑，分为前厅、后堂、厢房、后院等。前厅是供奉佛像的佛殿，后堂作为学习佛经的经堂，厢房、后院是僧人们居住生活的地方。这种合院式建筑是中国寺庙景观的基本形式。随着佛教的发展，佛寺的内容日益增多，其规模也越来越大。寺院的大门、供奉天王的天王殿、供奉佛与菩萨像的大雄宝殿、诵经修行的法堂与经楼等都按佛教的规则先后排列在寺院的南北中轴线上，在它们的两边和四周布置着待客、存物、僧人居住和生活用房，形成了基本的佛教建筑景观，对后人产生了深远的影响。例如，白马寺是中国较早的佛寺，是汉明帝刘庄在洛阳按照佛教的要求和传统式样建造的佛教景观。白马寺景观建成后，佛教在中国的势力大大发展起来，对人们的思想和生活都产生了很大影响。

（四）佛塔

中国的佛塔在结构上和形式上同印度的佛塔已有很大不同。它融合了中华民族的建筑艺术特点，主要是把中国原有的亭台楼阁建筑中的一些特点，运用到塔的建筑中，从而创造了具有中国特色的佛塔景观。佛塔传入后，起初建造的是木塔，唐宋以后多建造砖塔、石塔，后又出现了铜铁塔、琉璃塔等。在塔的平面形态上分为四方形、六角形、八角形、圆形等，建筑结构上又有阁楼式、密檐式、亭阁式、金刚宝座式、覆钵式等，其成为我国宗教旅游胜地中的一大风景。我国的佛塔不仅能在塔内供奉佛像，有的还可以登临远眺。例如，西安的大雁塔古今许多文人学士到那里登高赋诗，抒发情怀，留下了大量名言佳句。唐代诗人岑参游大雁塔后吟诗“塔势如涌出，孤高耸天宫。登临出世界，蹬道盘虚空。突兀压神州，峥嵘如鬼工”。精辟地概括了大雁塔的雄姿。自佛教传入中国后，佛塔建筑景观也随之发展起来。到北魏时期佛塔的建造已极为盛行，仅在洛阳就有上千座。我国佛塔设计比例合度、结构精密、宏伟壮观、静穆安闲，给人以崇高的美感。我国佛塔还巧妙地与自然的景色相融合，以自身的挺拔英姿，对于佛寺组群和城市轮廓面貌都起到一定的装点作用，达到了艺术美和自然美交相辉映的审美境界（图2-7）。佛塔与自然景色高度统一的美学特性，使遍布于全国各地的佛塔成为景观设计中的点睛之笔，是我国古代建筑景观的重要组成部分，对现代各种塔的修建有重要的意义。

我国佛塔的基本类型有楼阁式塔、密檐式塔、喇嘛塔、金刚座宝塔四种。

阁楼式塔是由我国高层楼阁发展而来的。塔身是一座多层楼阁，可以登临眺望。泉州开元寺双塔就属此类塔（图2-8）。

密檐式塔的第一层塔身高度显著，自第二层起，层层塔檐紧密相邻，内部大多为实心。嵩山嵩岳寺塔是我国现存最早、艺术水平最高的砖造十五层密檐式塔，塔身呈十二边形，这在我国现存的塔中绝无仅有。塔的下层和外表是十二角形，但自一层以上，中央塔室则呈八角形。整座塔共十五层，每两檐间相距很近，几乎分辨不出塔身部分，故称密檐。由于密檐之间的距离逐层往上缩短，与外轮廓的收分配合良好，使庞大的塔身显得稳重而秀丽。

图2-7　济南灵岩寺辟支塔

图2-8　泉州开元寺双塔

喇嘛塔为藏传佛教建筑，主要建于喇嘛寺中，与中原以楼阁为要素的传统佛塔有很大不同，形状大致如瓶，塔身为圆拱造型，塔身上是塔刹，塔刹瘦长，带有圆环形的相轮，相轮之上还顶托一轮宽大的华盖，华盖之上才是塔尖，常饰有仰月或宝珠。几乎所有的喇嘛塔，都通体涂以白垩，所以通称白塔（图2-9）。现存最早的喇嘛塔为北京妙应寺白塔。塔身以上用折角十字须弥座承托巨大的实心相轮十三层，层层显著收小。全塔除塔顶的铜宝盖和小铜塔外全用石砌，外表贴砖涂刷白灰，光洁如玉，故又称“玉塔”。铜制塔顶显金色，金白对比，崇高而圣洁。全塔比例匀壮，气势雄浑阔大，与周围的环境气魄十分协调。此外，北京的真觉寺塔、碧云寺塔、西黄寺清净化城塔都属于喇嘛塔。

金刚宝座塔由五座金刚塔及一个近似正方形的石砌宝座组成。中塔为主塔，塔身较高大，四角的四座塔略为矮小。著名的有北京西黄寺的清静化城塔、内蒙古呼和浩特的慈灯寺金刚宝座塔（图2-10）等。

图2-9 藏传佛教之白塔

图2-10 慈灯寺金刚宝座塔

思考练习题

以小组为单位，阐述中国儒家思想及道教、佛教思想对景观设计的影响。

第三章

人体工程学与景观心理学

教学目标和要求

通过本章的学习，学生能够掌握人体工程学与心理学在景观设计中的运用。

从景观设计的角度来说，人体工程学与景观心理学这两门学科研究的是人与景观之间的关系。人体工程学是从生理的角度入手，研究人与景观的关系；景观心理学是从心理的角度入手，研究人与景观的关系。现代景观设计日益重视人与景观间，以人为主体的具有科学依据的协调。因此，景观设计除了十分重视物理构造的设计外，对生理环境以及心理环境的研究和设计也应予以高度重视，并运用到设计实践中去。

PPT课件

第一节 人体工程学

人体工程学（Human Engineering），也称人类工程学、人机工学或工效学（Ergonomics）。人体工程学是根据人体解剖学、生理学等方面的特性，了解并掌握人的活动能力及其极限，使景观环境与人体功能相适应的学科。景观设计中的尺度、造型、色彩及其布局形式都必须符合人体生理、心理尺度及人体各部分的活动规律，以达到安全、实用、方便、舒适、美观的目的。人的工作、学习、休息等生活行为都可分解成各种姿势模型，根据人的立位、坐位和卧位的基准点来规范景观设计中各种造型的基本尺度及造型间的相互关系。良好的景观设计可以减轻人的疲劳，使人身体健康，心情愉悦，而良好的景观设计得益于正确地运用人体工程学原理。

一、人体测量

（一）人体测量中影响数据差异的因素

1. 年龄差异

人的身体随着年龄的增长一直在发生着变化。人在成年之前，身体每年都有很大的变化，因此在对未成年人设计时，不应以他们当时的年龄为唯一依据，应在一个弹性范围内进行设计。人体尺寸的增长过程，一般男性20岁结束，女性18岁结束。通常手脚尺寸的定型，男性一般在15～17岁，女性一般在13～15岁。到了成年，由于年龄的增长，人的身体机能开始退化，活动能力下降，活动范围也相应缩小。因此，在景观设计中，如果某些设计对年龄段有明显的要求，应结合该人群的具体特点进行设计，不应盲目地应用带有普遍性的人体测量表。

2. 性别的差异

男性与女性在人体的各部分的尺寸与比例都有明显的差异。一般，男性的人体尺寸要比女性的大些。但在胸厚、臀宽的尺寸上，女性要比男性的大。

3. 地区与种族差异

由于地区和种族的不同，人体尺寸也存在着差异。一般来说，在我国，北方人比南方人身材要高大些。寒冷地区的人比热带、温带地区的人身材要高大些。

4. 时代差异

由于科学技术的突飞猛进及人类医药卫生事业的发展，人体的尺寸也在不断变化。总体上说，人体尺寸都呈增长趋势。近几年，我国由于生活水平的提高，饮食观念也发生了变化，身高和体重都呈上升的趋势。

5. 职业和文化水平的差异

由于职业及文化水平的差异，一般体力劳动者身体的平均尺寸与比例要比脑力劳动者稍大些。例如，体育运动员某些部位甚至整个身体的尺寸比一般人都要偏大些。

（二）人体结构尺寸

人体结构尺寸是人体工程学研究的最基本的数据之一。在景观设计中，人体结构尺寸主要包括人体基本尺寸、人体立姿尺寸、人体坐姿尺寸三部分。

在景观设计中，人体基本尺寸主要包括：身高、体重、上臂长、前臂长、大腿长、小腿长、胸宽、胸厚、肩宽、最大肩宽、臀宽、坐姿臀宽、坐姿两肘间宽、胸围、腰围、臀围等。

（三）人体动作域

人体活动范围的大小，即动作域，它是确定景观空间尺度的重要依据之一。以各种计测方法测定的人体动作域，也是人体工程学研究的基础数据。如果说人体尺度是静态的、相对的、固定的数据，人体动作域的尺度则为动态的，其动态尺度与活动情景状态有关。

如图3-1所示为人体动作域的基本数据图。

二、视觉机能与特征

视觉在人类各项活动中占有十分重要的地位。人们在认识世界的过程中，有80% 以上的信息是通过视觉得到的。在景观设计中，视觉的应用是最为重要和普遍的，也是人体工程学研究的一项重要内容。由于有了视觉，我们才能看见各种景观的形状、大小、体感、位置和颜色等方面的特点，景观的存在才有了实实在在的价值。

视觉的形成离不开光线对眼睛的刺激。眼睛是在光线的作用下对物象做出反应的，即通常所说的“看见”。视觉现象是指眼睛在光线的作用下对外界各种物象所做出的“图像”反应。因此，光、外界物象、眼睛是形成视觉现象的三要素。视觉现象三要素缺一不可，其变化决定了视觉现象的变化。

（一）视野

1. 空间视野

空间视野是指头部和眼睛不动时，所能观看的空间范围，通常用角度来表示。空间视野一般分为水平空间视野和垂直空间视野。

（1）水平空间视野［图3-2（a）］。

①最大视野：边缘物体模糊不清，需相当的注意力才能辨认的区域，双眼视区大约在左右60°以内的范围。其中辨别字的视区在10°～20°的范围内，辨别字母的视区在5°～30°的范围内。在每个视区范围以外，字和字母接近消失。

②自然视野：也称最佳视野，辨别物体最清晰的视区，其范围在10°以内，1°～3°为最优。

③瞬息视野：很短时间内即可辨清物体的视区，其范围在20°以内。

④有效视野：集中精力才能辨认的视区，其范围在30°以内。

（2）垂直空间视野［图3-2（b）］。

①最大视野：视水平线以上60°和视水平线以下70°

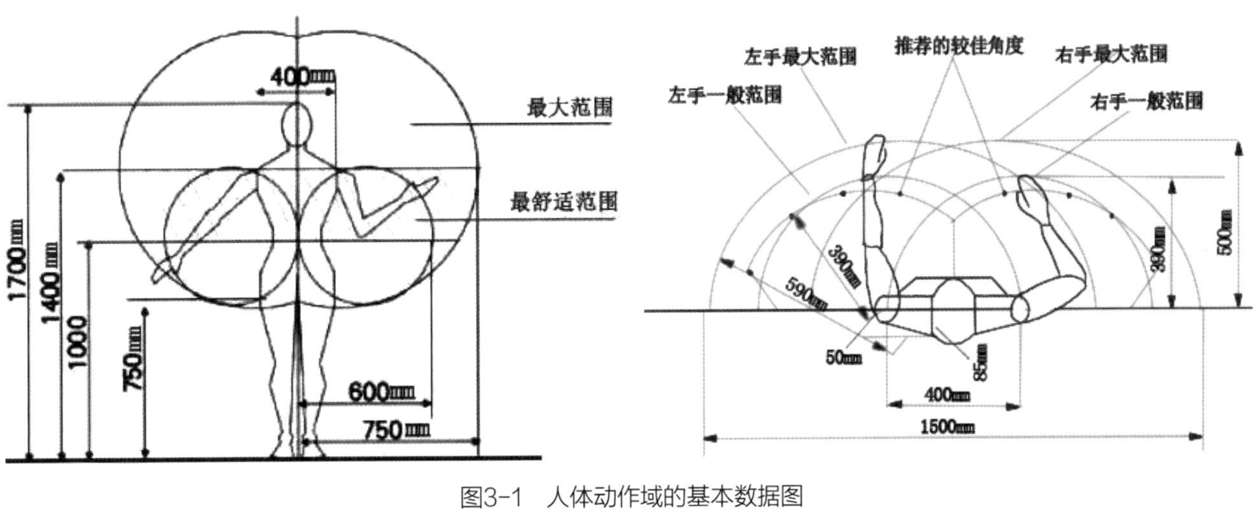

图3-1　人体动作域的基本数据图

的范围。

②自然视野：也称最佳视野。实际上人的自然视线一般低于视水平线。在一般状态下，站立时的自然视线通常低于视水平线10°，坐着时低于15°。在很松弛的状态下，站立时的自然视野低于视水平线30°，坐着时低于视水平线38°。

③良好视野：视水平线以上10°和视水平线以下30°范围。

2. 色觉视野

眼睛除了能辨别光的明暗以外，还有很强的辨色能力。眼睛对色彩的知觉是不同的，视野区的边缘地带是色盲区，只能区分对比强烈的明暗而不能区分色彩，视水平线附近的辨色能力最强。色觉视野分为水平方向的色觉视野和垂直方向的色觉视野。如图3-3中所示的数值是在正常光亮条件下对人眼的色觉视野的实验结果。实验表明，人眼对白色的视野最大，对黄色、蓝色、红色的视野范围逐渐减小，而对绿色的视野最小。如图3-3所示为人眼水平方向和垂直方向的色觉视野。

（二）视错觉

当人们在观察外界物体形状时，所得到的印象与实际形状的差异就是视错觉，这是视觉的正常现象。在景观设计中，常常要考虑视错觉的影响，有时要加以利用，有时要注意避免。

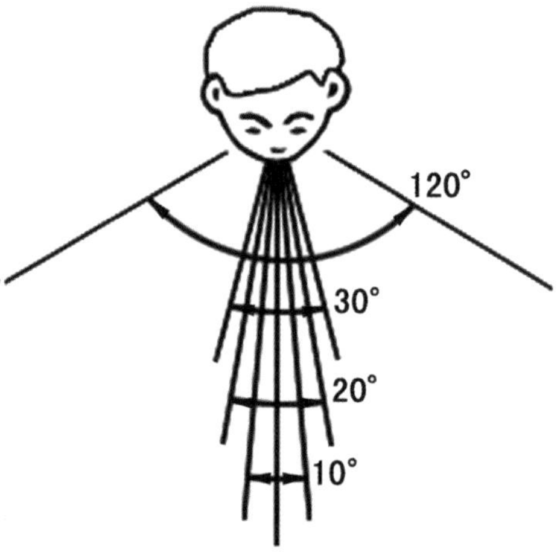

（a）水平空间视野

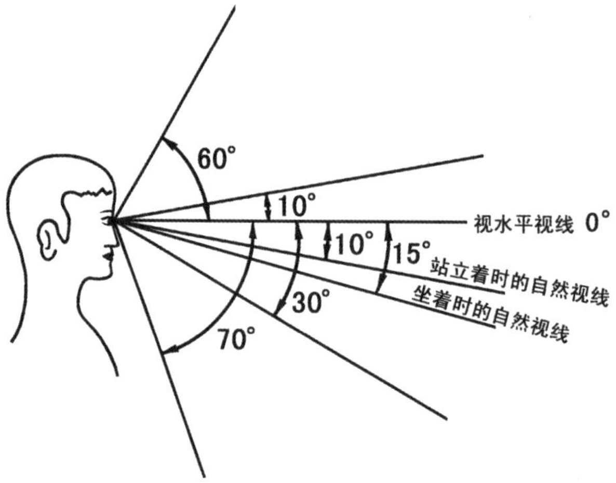

（b）垂直空间视野

图3-2 空间视野

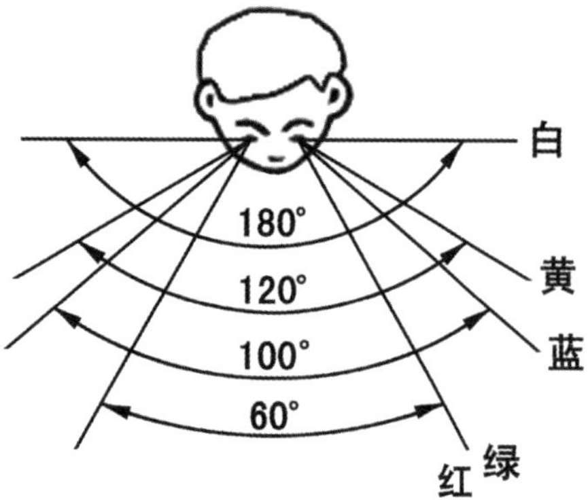

（a）水平方向的色觉视野

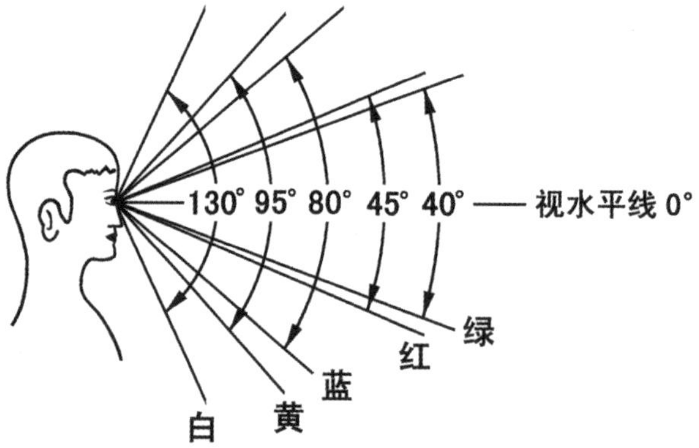

（b）垂直方向的色觉视野

图3-3 色觉视野

1. 对比错觉

同样的物体，由于周围存在的物体不同，会产生长度、大小等方面的差异，形成视觉上的对比，通常称为对比错觉，最常见的有长度错觉和大小错觉。

（1）长度错觉。在判断物体长度时，物体两端的附加物不同，通常可以导致我们产生长度错觉。如图3-4中的线段*a*与*b*，本来*a*=*b*，但看上去*a*比*b*短。

一组物体由于其摆放的方向不同，也可以产生长度错觉。如图3-5所示的两组正方形，其边长和组成方式完全相同，即图3-5（b）是在图3-5（a）旋转90°以后形成的，但看上去图3-5（a）要比图3-5（b）高些。

（2）大小错觉。同样大小的物体，若其周围存在形状相同，大小不同的物体，往往会引起大小错觉。如图3-6、图3-7所示，两个完全相同的圆分别被一个大圆圈或许多大圆圈围成的圈包围，和被一个小圆圈或许多小圆圈围成的圈包围，在人们的视觉中，前者看起来较小，而后者看起来较大，这就形成了大小对比的错觉效果。一般情况下，同一物体处在较大的物体环境中会显得小些，处在较小的物体环境中会显得大些。

2. 方位错觉

一个物体被分隔成几部分，由于分隔物的干扰而使物体在视觉上发生了形变，称为方位错觉。如图3-8所示，三条斜线本来分别在一条直线上，受平行线的分隔和干扰，看起来已经发生错位，似乎不在一条直线上。

3. 透视错觉

同样大小的物体会呈现出近大远小的视觉效果，称为透视错觉。如图3-9所示，人在笔直的公路上向前望去，会明显地感觉近宽远窄，路旁的电线杆和树木绿化等也呈现出类似的近大远小的变化趋势，这主要是透视错觉造成的。

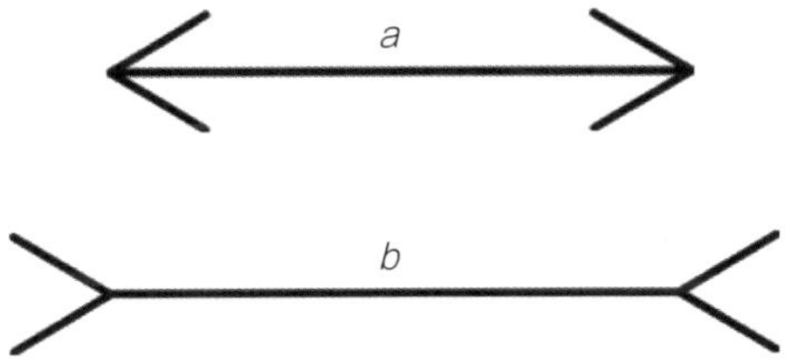

图3-4 长度错觉（1）

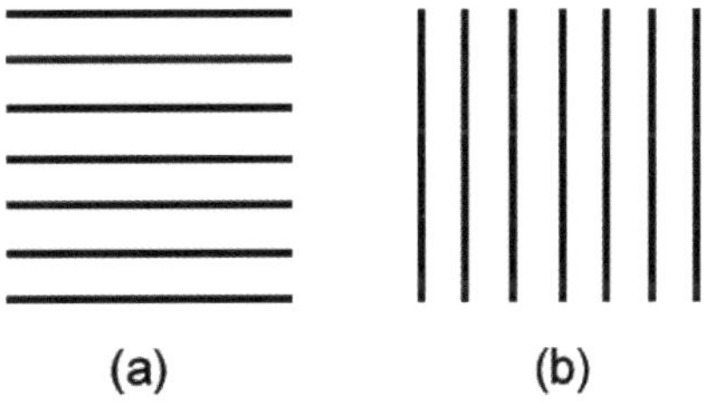

图3-5 长度错觉（2）

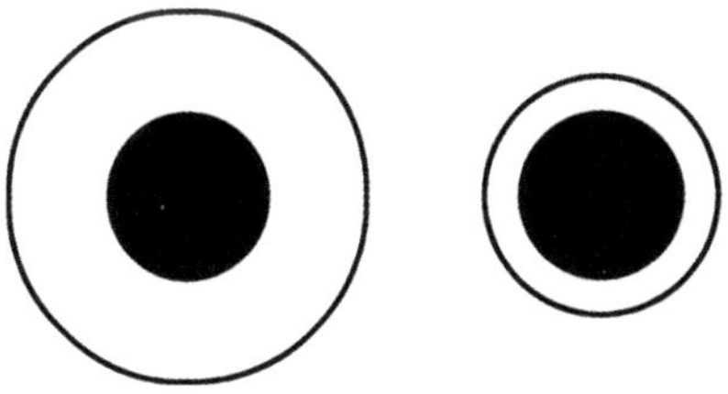

图3-6 大小错觉（1）

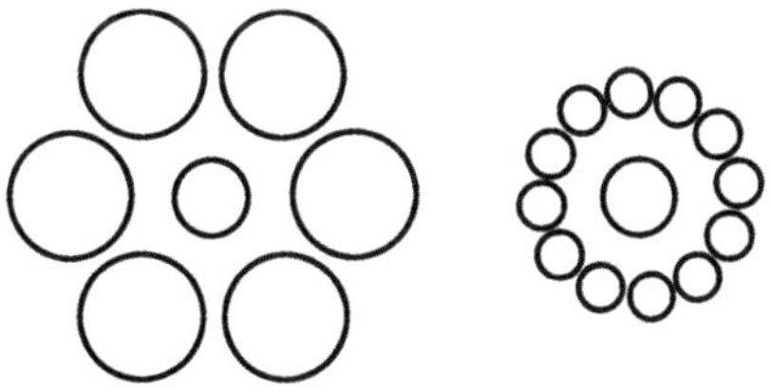

图3-7 大小错觉（2）

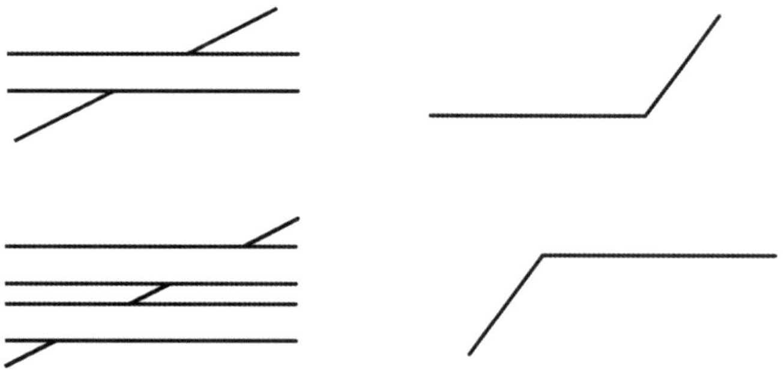

图3-8　方位错觉

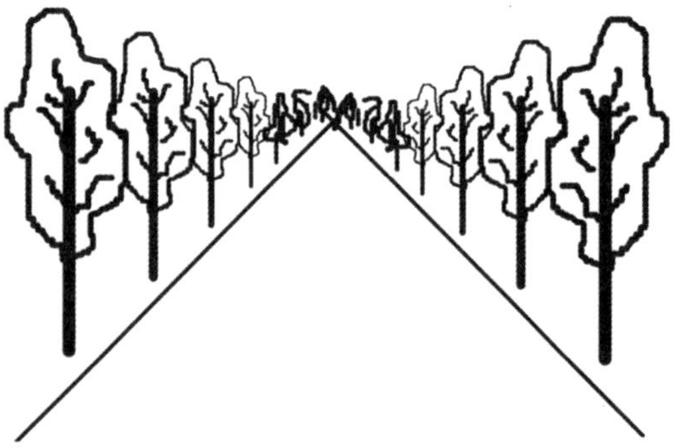

图3-9　透视错觉

（三）视觉运动规律

眼睛的运动与视觉观察有以下几个规律：

（1）眼睛沿水平方向的运动比沿垂直方向的运动快，即眼睛在观看物象时，先看到水平方向的物象，然后看到垂直方向的物象。

（2）视线习惯从左向右，从上向下和顺时针方向运动。因此，眼睛在偏离视觉中心时，在偏离距离相同的情况下，眼睛对各象限的观察率从优到劣依次为左上象限、右上象限、左下象限、右下象限。

（3）眼睛在垂直方向上的运动比在水平方向上的运动容易产生疲劳。眼睛对水平方向上的尺寸和比例的估计比对垂直方向上的尺寸和比例的估计要准确得多。

（4）眼睛对直线轮廓比对曲线轮廓更容易接受。

三、人体工程学在景观设计中的应用

人体工程学在景观设计中的有效运用，是研究人体活动与景观空间环境之间正确合理的关系，以达到最高的生活舒适度与生活机能效率的关键。人体工程学以“人”为中心，根据人的生理结构和活动需要等综合因素，充分运用科学条件和方法，使人的各种需求在设计中得到最大限度的满足，以达到景观的功能、美观、技术、经济、环境等各方面因素的优化组合。

1. 景观与人的活动空间

确定人和人际在各种景观活动中所需空间的主要依据。根据人体工程学中的有关计测数据，从人体尺度、动作域等方面来确定景观空间范围。

2. 景观设施的形体与尺度

确定各种景观设施的形体、尺度，及其使用范围的主要依据。景观设施为人所使用，因此其形体、尺度必须以人体尺度、动作域等为主要依据。要使这些景观设施得到有效利用，其周围必须留有活动和使用的最小空间，这些要求都由人体工程学来解决。景观空间越小，停留时间越长，对这方面内容测试的要求也越高。

3. 景观的物理因素

提供适合人体的景观物理因素的最佳参数。景观物理因素主要有景观热环境、声环境、光环境、重力环境、辐射环境等。在进行景观设计时，有了科学的参数后，才有可能做出正确的决策。

4. 景观的视觉要素

视觉要素的计测为景观视觉设计提供科学依据。人眼的视力、视野、光觉、色觉是视觉的要素，人体工程学通过计测得到的数据，为景观照明设计、景观色彩设计、视觉最佳区域等提供了科学依据。

第二节　景观心理学

景观心理学（Landscape Psychology）是从心理学的角度对景观进行研究，寻求最佳刺激，再根据心理需求，去调整改善周围环境。

相对人而言，景观可以说是围绕着人们，并对人们的行为产生一定影响的外界事物。景观本身具有一定的秩序、模式和结构，可以认为景观是一系列有关的多种元素和人的关系的综合。人们设计创造了景观，景观反过来也给了人们一定的心理感受，能诱导人们更文明、更有效地进行各种活动。当人的心理空间要求受到限制时，会产生不愉快的消极反应或回避反应。景观心理学是研究景观与人的心理之间相互关系的学科，它着重从心理学和行为的角度，探讨人与景观的最优化关系，即怎样的景观设计是最符合人们心愿的。景观心理学中一切问题的基本点是如何组织景观空间，设计好立面、色彩和光照，使之符合大众的心愿。

一、个人空间

个人空间是指围绕一个人并按其心理尺寸要求的空间。个人空间没有固定的地理位置，而是随着个人的移动而不断发生变化，因此，个人空间是弹性的、情境性的。通常把确定心理空间的距离分为四个范围，即亲密距离、个人距离、社交距离、公共距离。在人际交往时，有一个属于个人心理的空间场。人际交往的距离除与个人心理有关外，还与亲密程度、性别、民族、季节和环境条件等均有关系。

1. 亲密距离

相互距离可保持在0~35厘米。在这种距离下，能清楚地看到对方的头和脸，并能辨认出对方面部的细微变化，还能感觉到对方的体温及身上的气味。这种距离主要存在于夫妻、情侣、双亲、子女之间。

2. 个人距离

相互距离在35~120厘米。在这种距离下，对方面部细微的变化不易看清，对方的气味几乎感觉不到。这种距离主要存在于联系较多的亲密朋友、亲属、同事之间，虽然关系比较亲密，但并非亲密无间。

3. 社交距离

相互距离在120~300厘米。这种距离发生在熟人相遇、公事交往等，彼此间进行交谈、办理公务等。

4. 公共距离

相互距离在300~900厘米。这种距离属于非常正式的距离。如对素不相识的、与自己无直接交往关系的人，或接近重要人物时，则应保持一定的距离。

二、密度与拥挤感

密度对景观空间有着直接、重要的影响。在景观心理学中，密度与拥挤这两个概念一般同时出现。密度是客观的物理状态，是每个单位面积个体数目的量度；拥挤是指我们对周围人数的感受，尤其是导致负面感受的主观心理状态。虽然后者会受到其他多种因素的影响，如性别、年龄、儿时的生活环境、心情等个人特性和社会情境，但密度依然是决定人们所感觉的拥挤程度的最重要因素。

密度有两种最基本的形式，即社会密度与空间密度。社会密度的变化是由于在同一物理空间中拥有人数的不同决定的；空间密度的改变则是由于相同的人数占据不同的物理空间。

三、人的行为习惯

在日常生活中，人们都有各自的行为习惯，当成为集体时，则以人群的习惯表现出来。人们的行为习惯大体上可以归纳为以下几个方面。

1. 左转弯

除了道路通行要根据交通规则右侧通行外，在一些商场、观光旅游场所，人们通常习惯于左侧通行。一般的人流，在路面的密度达到0.3人/米^{2}以上的时候，常常要采取左侧通行，而单独步行的时候，沿左侧通行的例子更多。从安全的角度考虑，一些安全通道的设置也要考虑到左侧通行的习惯。在公园、游园地、展览会等场所，从追踪观众的行为并描绘其轨迹图来看，很明显会看到左转弯（逆时针方向）的情况比右转弯的情况要多。

2. 抄近路

人们在清楚知道目的地所在位置时，或者有目的地移动时，总是有选择最短路程的倾向。

3. 识途性

当不清楚所要到达的目的地行走路线时，人们总是边摸索边到达目的地：而返回时，又常习惯于沿着原路返回，这种情况是人们常有的行为习惯。

四、景观心理学的特性

在长期从事景观设计思考的过程中，人们经常会觉得，设计的景观与人的联系往往比景观本身更加重要。以一尊雕塑作品为例，对人来说，一尊看不见的或者容易被忽略的雕塑作品就等于不存在。更具体一点说，远处草丛中的一尊雕塑，对游人来说也只是某时某地的一个标记，当人们走进草丛去接近那尊雕塑，并看清楚雕塑是一尊抽象雕塑时，便开始产生丰富的联想（图3-10）。春天的午后，人们愿意在树下小憩片刻；盛夏的傍晚人们愿意在高大浓郁的树荫下乘凉，这棵树因此有了许多内涵。可见，同样的一处景观，因为人们跟它的联系不同，所感受到的就不同，不同的人又有不同的感受。

图3-10 景观墙与雕塑的有机融合

这就是景观心理学研究的内容：人与景观相互作用的关系，在这个作用中，人可以改变景观；反过来，人的行为和经验也被景观所改变。在景观设计过程中，无论设计师在布置一尊雕塑或是一个植物空间的布局，都存在诸多景观心理因素需要考虑，不仅要考虑它们的空间位置关系，还要考虑与它有关的人的关系，设计师应该通过一系列关系的设计来充分展示物体最吸引人的特征，从而控制人对物体的感知。景观心理学主要有以下几个方面的特性。

（一）领域性

在个人化的空间环境中，人需要能够占有和控制一定的空间领域。心理学家认为，领域不仅提供相对的安全感与便于沟通的信息，还表明了占有者的身份与对所占领域的权力象征。所以领域性作为环境空间的属性之一，古已有之，无处不在。景观设计应该尊重人的这种领域性，使人获得稳定感和安全感。

（二）私密性

私密性可以理解为个人对空间可以接近程度的选择性控制，是通过一系列外界物质环境所限定、巩固心理环境个性的独立的景观空间。相比之下，领域性主要在于空间范围，私密性则涉及在相应空间范围内包括视线、声音等方面的隔绝要求。

人对私密空间的选择可以表现为一个人独处，希望按照自己的愿望支配自己的环境，或几个人亲密相处不愿受他人干扰。在竞争激烈、快节奏的社会环境中，特别是在繁华的城市中，人类极向往拥有一块远离喧嚣的清静之地。这种要求在景观中可以通过空间设计来达到要求。空间设计是创造私密性的最好的要素之一，设计师考虑人对私密性的需要，并不一定就是设计一个完全闭合的空间，但在空间属性上要对空间有较为完整和明确的限定。一些布局合理的绿色屏障或是分散排列的树就可以提供私密性空间。在植物营造的静谧空间中，人们可以读书、静坐、交谈、私语。

私密性是作为个体的人对空间最起码的要求，只有维持个人空间的私密性，才能保证单体的完整个性，它表达了个体的人对生活的一种心理的概念，是作为个体的人被尊重、享受自由的基本表现。

例如，很多人都很怀念四合院，实际上四合院的特点就在于它提供了一个特别具有私密感的空间环境，人与人之间能产生一种凝聚力与和谐气氛，同时有一种安全稳定感和归属亲切感。

（三）公共性

正如人类需要私密性空间一样，有时人类也需要自由开阔的公共空间。环境心理学家曾提出社会向心与社会离心的空间概念。因此，在一些景观设计中，设计思路都是倾向于使人相对聚集，促进人与人相互交往，并进而去寻求更丰富的信息。

在景观空间中，私密空间和公共空间的界定也是一个相对的概念。例如一些医院绿地、图书馆绿地、车站广场绿地等绿地离心空间，这些绿地的植物配置就要体现简洁、沉稳的特征，在性格上倾向于互相分离、较少或不进行交往的特点。在这样的绿地中，人们总是希望减少环境刺激，保护“个人空间”及“人际距离”不受侵犯。因此，在对景观空间设计的过程中应该充分考虑这些空间属性与人的关系，从而使人与景观达到最佳的互适状态。如，在车站的出入口和广场上可以利用标志性的景观，加强标示和导向的功能，使人产生明确的场所归属感（图3-11）。

图3-11　空间的划分与组合

思考练习题

1. 结合实际与所学内容，谈一谈人体工程学在景观设计中应如何加以运用。
2. 简述景观心理学的特性。

第四章

景观设计分类

教学目标和要求

通过本章的学习，学生能够掌握景观设计的分类以及各种分类的具体内容。

PPT课件

第一节　建筑景观设计

建筑景观设计主要是指以建筑外在造型为主体背景的外部空间环境设计。不同的建筑组合形成了不同的外部空间类型，外部空间类型的形成与历史和社会的发展有着密切的关系。世界充满着建筑，从城市到乡村，从北方到南方，凡是有人烟的地方，到处都能看到建筑，建筑为人类提供了生活、学习、工作、娱乐等活动的场所，已成为人类生活中不可或缺的因素。

一、古代建筑景观

古代建筑是人类文明和文化的最早记忆，也是人类社会发展和进步的标志。在漫长的历史长河里，唯有建筑在巨大的空间里闪烁着最耀眼的光芒，涌现出了许许多多令人惊叹不已的建筑形式，以其独有的风采向人类展示着它们独特的美（图4-1、图4-2）。

中国是四大文明古国之一，历史源远流长，拥有广袤的国土和众多的民族，形成了自己的文化特色。中国古典建筑就是中华文化中的瑰宝。如古代的塔、台、阁、亭、轩、榭、牌楼等，在设计上充分体现了传统美学思想。

二、现代建筑景观

现代建筑是在生产力不断发展和人们生活水平不断提高的基础上产生的。它突破传统陈规，以多样全新的造型出现在人们面前。如上海东方明珠广播电视塔（图4-3）、造型独特如贝壳般的悉尼歌剧院（图4-4）、金字塔般的巴黎卢浮宫（图4-5）。

图4-1　巨石阵

图4-2　北京天坛

图4-3　上海东方明珠广播电视塔

图4-4　悉尼歌剧院

图4-5 巴黎卢浮宫

人类的历史文化是不断发展变化的，建筑环境也必然随之变化。建筑景观设计就在这不断的变化中拓展更新着自己的发展空间。

三、各种建筑景观形式

（一）观赏、游憩性建筑景观

此类建筑一般具有优美的造型，有休息、游赏使用的功能。

1. 亭

（1）亭的功能。亭是主要的游憩性建筑景观之一。亭在古代是供行人休息的地方，《释名》中提到“亭者，停也，人所停集也”。现代社会，亭在景观中主要有两种作用。一是做观赏之用。亭在景观设计中常作为对景、借景、点缀风景使用，也是人们游览、赏景的最佳处。亭的设计很讲究艺术，在景观中往往是个“亮点”，起到画龙点睛的作用。二是使用功能。从功能上讲，亭主要是为了满足人们在游赏活动中，驻足休息、纳凉避雨、纵目眺望的需要。

（2）亭的分类。亭有多种分类，按照其时代特性的不同可分为两种：一种是古亭，古亭的设计一般有严格的规定，形式上较为统一，风格上一般不同（图4-6）；另一种是现代造型的亭，其设计一般没有严格的规定，形式较为自由，风格也各式各样（图4-7）。

按照其出入口个数的不同，亭也可分为两种：一种是终点式的，有一个出入口；另一种是穿过式的，有两个出入口。出入口的个数要视周围的环境及亭的大小而定。按照位置的不同，亭可分为山亭、水亭、桥亭等。从平面上可分为三角亭、方形亭、五角亭、六角亭、八角亭、十字亭、圆亭、蘑菇亭、伞亭、扇面亭等。从其组合方式上可分为单体式、组合式、与廊墙相结合的形式。

图4-6　古亭

图4-7　具有现代意义的亭

（3）亭的位置选择。亭的设置，关键要选好位置，要从两方面考虑：一是由内向外好看；二是由外向内也好看。亭要建在风景好的地方，使进入亭内休息的人可以看到美景，同时也要考虑到整个亭要成为一处美景供人欣赏，亭在景观空间中往往可以起到画龙点睛的作用，一般多设在视线交接处。如拙政园水池中的“荷风四面亭”，四周水面空阔，两面有曲桥与之相接，在此形成视觉焦点。

2. 廊

廊是亭的延伸，是景点与景点之间联系的纽带，可以引导人们沿着预定的路线行走。廊的转折、封合可以创造出众多的空间意趣，极大地丰富了空间的层次，增加了景深（图4-8）。

图4-8　紫藤廊

（1）廊的形式。廊有空廊、半廊、复廊、双层廊、爬山廊、曲廊等多种形式。空廊是指廊的两边都是立柱，空间开敞，适合于气候宜人，四周景色优美的环境；半廊是一面靠墙封闭，一面开敞，开敞的一面景色优美，封闭的墙上常开有漏窗；复廊中间是封闭的墙，两面开敞，可通行，墙上开设漏窗，人行两边，通过漏窗可以看到隔墙之景，适合于墙的两侧景色不一样的景观中。上海豫园以复廊著称，其空间曲折多变，情趣无穷。苏州怡园也有复廊，其将园分为东、西两大部分；双层廊有上下两层，其高度比普通廊高，气势高大，有层次感。如北海延楼就是典型的双层廊结构；爬山廊常建在地势起伏高大的地区，廊道沿山势起伏而上；曲廊在水平方向上转折弯曲，在廊道的转折处，或种植花木，或设置假山，形成各种不同的景观中心，大大增加了空间的层次感。

（2）廊在景观中的作用。

①联系功能：廊将景观中的各部分联成有机的整体，使其主次分明，错落有致，虽散置但不零乱。廊可构成景观中游览及活动的通道网络，以“线”联系整个景观。

②分隔并围合空间：廊又可将丰富开敞的空间围成封闭的空间，在敞开中有封闭，喧闹中有静谧，使空间变换的情趣倍增。

③组廊成景：廊的平面可以自由组合，廊的体态又通透开畅，尤其是善于与地形结合，“或蟠山腰，或穷水际，通花渡壑，蜿蜒无尽”（《园冶》），与自然浑然一体，在景观设计中体现自然与人工结合之美。

3. 架

架既有廊、亭那样的结构，又不像廊、亭那样密实。架更加空透，更加接近自然（图4-9）。架的材料多种多样，常见的有木架、竹架、砖石架、钢架和混凝土架等。架与攀缘植物搭配，常常形成美丽的花架，常搭配的植物有常春藤、蔷薇、紫藤、葡萄等。花架布局灵活多样，形态与自然融为一体。

花架常设置在小径上或一些休闲的环境里。沿小径设置的花架一般呈线形分布，置于路的一侧，与坐具配合，形成局部休息空间。设置在各种自然环境和城市的休闲环境中的花架有的围成一个扇形，形成向心的小空间，有的形成一个弧形，从一个空间通向另一个空间。

4. 轩

轩多为高而敞的建筑，但体量不大。轩的形式也很多，在景观建筑中，轩也像亭一样，是一种点缀性的建筑。所以在景观设计时要考虑到何处设轩，它既非主体，又要有一定的视觉感染力，可以看作是“引景”之物。如网师园中的“竹外一枝轩”，可谓引人入胜，经此处而通向“月到风来亭”，又作为“濯缨水阁”之对景。拙政园中的“与谁同坐轩”，是从中部园区经“别有洞天”至西部园区的第一眼所见之建筑。这是一座扇形的建筑，形象生动、别致。留园中的“揖峰轩”，是石林小院中的一座主要建筑，体量不大，又有廊院及院中石林相伴，是一处园中之园，空间有分有合，隔中有透，贵在层次分明。

5. 景观墙

在景观设计中，景观墙主要有两种类型：一种是作为场地周边、生活区的分隔景观墙；另一种是场地内划分空间、组织景色、安排导游而布置的景观墙（图4-10）。这种造型样式在景观设计中是经常见到的。在进行景观墙的设计时，应注意以下几点：

图4-9 公路边小径上的架

图4-10　景观墙

①能不设景观墙的地方，尽量不设。

②尽量利用空间的办法、自然的材料达到隔离的目的。具有高差的地面、水体的两侧、绿篱树丛，都可以达到隔而不分的目的。

③设置景观墙时，尽量做到低透，只有特别要求掩饰隐私处，才用封闭的景观墙。

④使用景观墙处于绿地之中，成为全景的一部分，减少与人接触的机会。善于把空间的分隔与景色的渗透联系统一起来，有而似无，有而生情，才是高超的设计。

景观墙是长形构造物。长度方向要按要求设置伸缩缝，按转折和门位布置柱位，调整因地面标高变化的立面；横向则关及景观墙的强度，影响用料的多少。利用砖、混凝土景观墙的平面凹凸、金属景观墙构件的前后交错位置，实际上等于加大景观墙横向断面的尺寸，可以免去墙柱，使景观墙更自然通透。

6. 膜结构

膜结构是20世纪中期发展起来的一种全新的建筑形式，它打破了传统的建筑形式，以艺术性、经济性、大跨度等优点，已经在世界各地广泛应用。膜结构，又称为景观膜、空间膜，是以膜材料（建筑织物）为主体，与支撑构件或拉索共同组成的结构体系。膜材料是指以高分子聚合物材料如聚酯纤维基布或PVDF（聚偏二氟乙烯）、PVF（聚氟乙烯）、PTFE（聚四氟乙烯）等不同的表面涂层，配以优质的PVC（聚氯乙烯）组成的具有稳定的形状，并可承受一定载荷的建筑纺织品。膜材料的寿命通常是由表面涂层的寿命决定的，一般可达12~50年。膜结构以其新颖独特的建筑造型，良好的受力特点，成为大跨度空间结构的主要形式之一。

（1）膜结构的分类。膜结构从结构上可分为骨架式膜结构、张拉式膜结构、充气式膜结构三种形式。

①骨架式膜结构（图4-11）：以钢构或集成材料构成的屋顶骨架，在其上方张拉膜材，下部支撑结构稳定性高的构造形式。骨架式膜结构具有造型简洁，开口部不易受限制，经济效益高等优点，广泛适用于各种规模的空间。

②张拉式膜结构（图4-12）：由膜材、钢索及支柱构成，利用钢索与支柱在膜材中导入张力以形成稳定的曲面来覆盖建筑空间。除了创新且美观的造型外，也是最能展现膜结构精神的构造形式。张拉式膜结构是索膜建筑的代表和精华，具有高度的形体可塑性和结构灵活性。

图4-11　骨架式膜结构

图4-12　张拉式膜结构

张拉式膜结构是现代膜结构建筑的重要组成部分，它体形丰富、自然流畅、曲面柔美，但这种结构体系受力分析复杂，对施工精度要求高，设计计算、加工制作及施工工艺难度都较大。

大跨度空间多采用以钢索与压缩材料构成钢索网来支撑上部膜材的形式。由于张拉式膜结构施工精度要求高，结构性能强，且具有丰富的表现力，所以造价略高于骨架式膜结构。

③充气式膜结构（图4-13）：充气式膜结构是将膜材固定于膜体结构周边，通过膜体内外的空气压力差支撑膜体，形成建筑空间。充气式膜结构可得到更大的空间，且施工快捷，经济效益高，但需进行24小时送风机运转，在持续运行及机器维护费用的成本上较高。

充气式膜结构分为单膜结构和双膜结构两种。单膜结构如同肥皂泡，其内压大于外压，具有大空间、重量轻、建造简单的优点，一般需要封闭。单膜结构需要不断输入超压气体及需日常维护管理（图4-14）。双膜结构在两层膜之间充入空气，和单膜结构相比，可以充入高压空气，形成具有一定刚性的结构。双膜结构的进出口可以敞开（图4-15）。

（2）膜结构的特点。

①寿命长：膜结构建筑物属于半永久性的建筑。现在世界上使用最早的膜结构建筑已有30多年的历史，仍在使用中。它的钢质骨架只要做好防腐涂装，及时维护，便可永久使用。膜材是一种高级的复合材料，具有良好的力学性能，强度高、耐老化，

图4-13　充气式膜结构

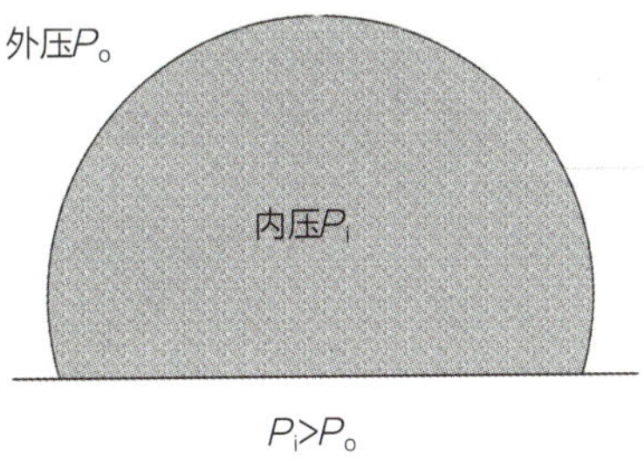

图4-14　单膜结构原理示意图

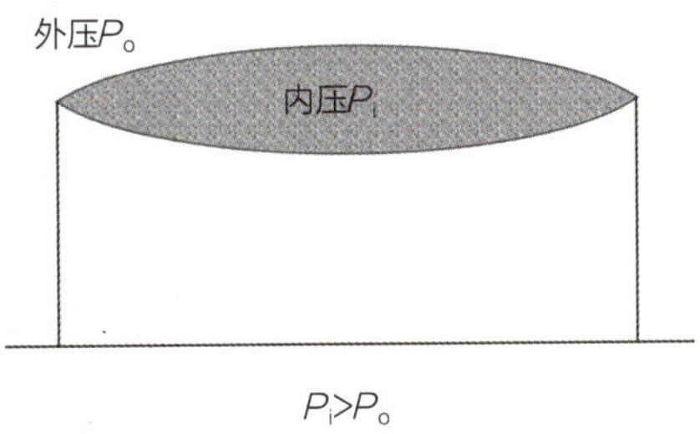

图4-15　双膜结构原理示意图

只要结构设计合理，膜结构建筑的安全使用寿命可长达50年。

②自洁性好：膜材料表面无静电，对尘埃物没有吸附力，因此不易沾灰，即使落上一点灰尘也很容易被风雨除去。因此膜结构建筑总是以亮洁的表面出现在我们的视野中。

③跨度大：由于单位面积的膜很轻，大大减轻了骨架的承重。膜结构可以不需要内部支撑面大跨度覆盖空间，这使人们可以更灵活、更有创意地设计和使用建筑空间。利用膜结构可形成无中间支撑柱的大跨度建筑。一些大型公众活动场所常常采用膜结构的形式来形成大面积的开阔空间。

④工艺性好：膜材属于柔性材料。一些用刚性材料难以创造的复杂的空间曲面，采用膜结构就方便多了。膜材既可以靠钢骨架的支撑，又可以靠索具的张拉来形成各种各样的空间曲面。用膜结构生成的曲面光顺、柔和，又可以清晰地体现出膜的受力成型之美。

⑤造型优美、富有时代气息：膜结构突破了传统的建筑结构形式，多变的支撑结构和柔性膜材使建筑物造型更加多样化，新颖美观，同时体现出结构美，且色彩丰富，可创造出更自由的建筑形体和更丰富的建筑语言。在灯光的配合下易形成美丽的夜景，给人以现代美的享受。由于其技术上的先进性，膜结构被誉为现代建筑高科技，是21世纪的建筑。

⑥施工周期短：骨架的制作、面料的加工等膜结构工程都是在工厂里进行的，在工地现场只进行安装作业，因此大大缩短了工地上的施工周期，减轻了工地现场多工种交叉作业、互相干扰的情况，与传统建筑的施工周期相比，几乎快一倍。

（3）膜结构的应用范围。

膜结构是一种建筑与结构完美结合的结构体系。它是用高强度柔性薄膜材料与支撑体系相结合形成具有一定刚度的稳定曲面，能承受一定外荷载的空间结构形式。其具有造型自由轻巧、阻燃、制作简易、安装快捷、使用安全等优点，在世界各地被广泛应用。这种结构形式特别适用于大型体育场馆、入口廊道、小品、公众休闲娱乐广场、展览会场、购物中心等。

目前国内外已修建的各种膜结构建筑中，主要用于以下几个方面：

①大型体育设施：如棒球场、足球场、网球场、游泳馆等。

②娱乐中心、展览馆、音乐厅、候机厅和大型集会场所。

③超级商场及酒店的中厅、过廊等。

④飞机库、停车场、仓库等。

⑤海滨、公园等旅游场所遮阳结构。

⑥花园、庭院等小品及城市街景。

膜结构是一种全新的建筑结构形式，它集建筑学、结构力学、精细化工与材料科学、计算机技术等为一体，具有很高的技术含量。其曲面可以随着建筑师的设计需要任意变化，结合整体环境，建造出标志性的形象工程。

（二）功能性建筑景观——园路

1. 园路概况

园路是指景观绿地中的道路、广场的各种铺装地坪等，见图4-16。园路是景观设计中不可缺少的构成要素，是景观构成中的骨架、网络。园路引导人们通往不同的景观节点，沿路组织人们休憩观景，园路本身也成为观赏对象。园路的规划布置，往往反映不同的景观设计风格。例如，我国苏州古典园林，讲究峰回路转、曲折迂回，而法式古典园林凡尔赛宫花园，讲究平面几何形状。

园路分主要园路、次要园路及休闲步道三种。主要

图4-16　广场地坪

园路沟通整个景观区域，宽一般在7～8米，必须考虑通行、生产、救护、消防、游览车辆等；次要园路沟通景观各节点，宽一般在3～4米，应考虑到通轻型车辆及人力车；休闲步道专供人行走，同样连接着景观各节点，双人行走一般在1.2～1.5米，单人行走一般在0.6～1米。

2. 园路的线型

①园路的线型有自由、曲线式和规则、直线式两种，从而形成两种不同的景观风格。园路的设计也可以采用两种线型相结合的方式，通常以一种线型为主，另一种线型做补充。园路的设计忌讳断头路、回头路，除非有一处明显的终点景观。

②园路可以根据功能的需要采用变断面的形式。如转折处的宽窄不同；座椅处边界向外延伸；路旁设有过路亭；园路和小广场相结合等。通过园路断面形式的变化，可以使园路生动多变，形成一条路上休闲、停留和人行、运动相结合的景观。

③园路的转弯曲折。园路会沿地形地貌迂回曲折，十分自然。有时为了延长路线，增加趣味，提高绿地的利用率，园路往往设计成蜿蜒起伏的状态。这时就必须人为地创造一些条件来配合园路的转折和起伏。例如，在转折处布置一些山石、树木，或者地势升降，做到曲之有理，路在绿地中。

3. 园路设计时的注意事项

①应该注意园路两侧空间的变化，疏密相间，留有透视线，并有适当缓冲草地，以开阔视野，并借以解决节假日、集会人流的集散问题。

②园路尺度和分布密度应该是人流密度客观、合理的反映。人多的地方，如游乐场、入口大门等，尺度和分布密度应该大一些，否则，绿地极易被破坏；休闲散步区域，园路设计得要小一些，绿地的面积就会相对减少。

③园路在交叉点的设计应做到主次分明，在宽度、铺装、走向上应有明显的区别；应避免多路交叉，引起路况复杂，导向不明。在交叉时，应尽量靠近正交。锐角过小，车辆不易转弯，人行会穿绿地。

④园路设在山坡时，坡度应不小于6°，应顺着等高线做盘山路状，也可以与等高线斜交，来回曲折，增加观赏点和观赏面；考虑到自行车，坡度应不大于8°；考虑到汽车，坡度应不大于15°；人行坡度不小于10°时，宜设计台阶。

第二节 雕塑景观设计

一、雕塑概述

雕塑，是指利用一定的手段和方法对天然或人工材料进行改造，形成立体形态的一门艺术。雕塑实质上是对材料实施加减法的改造，创造出具有独特美感的物体。雕塑是一种文化，它能表达一定的理念，产生美感。雕塑作为一种造型语言和形式，是景观设计中不可或缺的重要元素，雕塑作品可以美化环境，装饰建筑，对于一个地区的美化起到画龙点睛的作用。优秀的雕塑景观设计给人以美的享受，可以陶冶人的情操。大量的雕塑作品具有永久性和纪念性，往往是一个国家，一个民族，一个时代文明的象征。例如，丹麦海上的美人鱼（图4-17），四川省的乐山大佛都是不朽的传世之作（图4-18）。

在国外，利用雕塑来装饰美化环境已经有几千年的历史了。古希腊时期那些令人叹为观止的精美雕塑，已经成为古希腊景观设计的典范，帕特农神庙的雕塑是其重要的代表。古罗马时期的雕塑在古希腊的基础上又向前迈进了一大步，君士坦丁凯旋门上的雕塑便是这一时期的经典之作。雕塑在中国环境艺术中同样是一篇精美的乐章，在中国的环境艺术设计中占据着重要的地位。敦煌莫高窟就是中华民族的灿烂瑰宝。

二、雕塑的分类

（一）按照空间形式的不同分类

1. 浮雕

浮雕是在平面的基础上对一定的材料进行体积上的合理压缩，一般只能在其正面或略微斜侧的角度观赏，是一种介于圆雕和绘画之间的艺术表现形式，属于二维雕塑（图4-19）。浮雕一般附在一定的实体表面（如建筑物的基座、柱身、墙体等部分），

图4-17　丹麦美人鱼

图4-18　乐山大佛

图4-19　浮雕

通常借助一定的光源（如顶光或侧光等）表现其深度和立体感。浮雕的长、宽比例不变，厚度要压缩变形，是从一个方向欣赏的雕塑艺术形式，其附属在建筑平面或用具器物上，占据空间少，可与圆雕或绘画等相结合。浮雕的外轮廓简洁凝练，注重细节部分的刻画，一般适合近距离观赏。根据表面起伏程度的不同，浮雕可分为高浮雕和浅浮雕。

2. 圆雕

圆雕也称为立体雕，指具有三维空间形态的雕塑。圆雕整体地表现了物体，可以使观赏者从各个角度看到物体的形态，是一种完全立体化的雕塑，具有强烈的空间感，属于三维雕塑。如头像、半身像、全身像、群像等（图4-20）。

相对于浮雕来说，圆雕的制作中考虑和处理的部位和细节要复杂得多，既要考虑实体本身，还要讲究虚实的影像。二者在任意一个角度都要恰如其分，否则将影响到整体的视觉传达效果。圆雕在形态上不断产生丰富的变化，给人以不同的视觉感受。半圆雕也属圆雕技法中的一种，即刻画出造型中的主要部分，舍弃次要部分。半圆雕制作起来比完全的圆雕更加方便，且可以与浮雕结合起来组成一个有机的整体，具有独特的艺术效果。

3. 透雕

透雕又称镂雕，指保留凸出的物像部分，将衬底部分进行局部或全部镂空的雕塑艺术形式（图4-21）。将浮雕的衬底部分去掉，保留主体部分，就形成具有三维空间特征的透雕，它实际上是从浮雕中派生出来的，是浮雕形式的一种立体化。透雕在空间上有一定的通透性，形象上更加清晰明朗，因此被称为透雕，其在形体上有实有虚，从不同的角度观赏都有不同的姿态。透雕有单面透雕和双面透雕之分，单面透雕只雕刻正面，双面透雕则将正、背两面的物像都雕刻出来。

（二）按照所运用的材料的不同分类

按照所运用的材料的不同可分为：光雕、水雕、冰雕、雪雕、石雕、蜡像、布雕、根雕、木雕、纸雕、金属雕塑、陶瓷雕塑、玻璃钢雕塑、植物雕塑、合成材料雕塑等。

1. 光雕

就是在各种造型的支架上，布满五光十色的彩灯，利用光与影的巧妙结合，表现出一种华丽与辉煌的雕塑设计形式。常给人以强烈的立体视觉效果和超越时光的感觉，视觉冲击力很强（图4-22）。

2. 水雕

以水为材料，在高压或真空的条件下，形成一定的艺术造型，既具有固态美，又具有一定的流动感，充分显示了大自然的纯洁与灵气。适用于花园、公园及玻璃墙的设计等（图4-23）。

图4-20　圆雕

图4-21　透雕

3. 冰雕

以冰为材料，用尖刀、槽刀、月牙刀、大铲、扁铲、棱锥等雕塑工具塑造造型，便于修改，易于加工制作。由于冰雕的材质无色透明，折射光线很强，须精雕细刻，突显其轮廓，以便在光线反射作用下，显示出玲珑剔透、远观近视俱佳的观赏效果。冰雕作为雕塑景观设计的一种，广泛应用于冰灯游园会中（图4-24）。

4. 雪雕

雪雕又称雪塑，是对雪坯（用雪制成的）进行加工雕刻，创造出的立体造型艺术，与冰雕并称为冰雪雕塑艺术（图4-25）。

雪雕既有粗犷敦厚的风格，又有细腻圆润的特点。雪雕形式厚重，空间感强，银白圣洁，富有光泽。与其他雕塑作品相比，雪雕的寿命十分短暂，但雪雕作品要比石雕、泥雕更有灵气。

由于雪源不足或地理条件的限制，也可用人造雪来代替，其不含杂质、坚硬洁白、可塑性强、耐风化，也是很好的雪雕原料。

5. 石雕

是以各种石材为原料的雕塑艺术，它的体积感强、坚固稳定、耐腐蚀、耐风

图4-22　光雕

图4-23　水雕

图4-24　冰雕

图4-25　雪雕

化，是景观设计中很常见且很受欢迎的艺术形式（图4-26）。不同的石材有不同的花纹和质感，给人的感受也不尽相同。例如，大理石雕塑显得细腻润泽、繁华优雅，而花岗岩则显得浑厚有力、粗犷深沉。

6. 蜡像

蜡像是以综合的工业蜡为雕塑材料，采用超现实的造型手段，塑造出与真人真物相同比例的造型。蜡像的显著特点是形象逼真，其与真人真物的相似程度是其他雕塑形式所达不到的。

7. 木雕

以各种木材为材料，主要采用减法的造型手段用工具雕出预先设想的形象的一种雕塑艺术（图4-27）。它取材方便，易于雕刻和加工。对于初学者来说，熟悉木料的性能和正确运用工具是十分必要的。因木材质地的不同，又分为硬质木雕与软质木雕两大类。

图4-27　木雕

8. 金属雕塑

即以各种金属为材料制作而成的雕塑（图4-28）。其材料种类繁多，但大体上可分为两类：一类为朴实无华的传统金属材料，例如青铜和铸铁材料等。青铜的可塑性好，耐腐蚀性较好，其表面所特有的斑驳的色彩颇

图4-26　石雕

图4-28　金属雕塑

具历史感，可以表现出微妙的细节变化，适合于表现历史性、纪念性的主题。铸铁显得浑厚古朴，细节变化也很丰富，但其耐腐蚀能力较差，一般不适用于露天环境中。另一类为颇具现代感的金属材料，这些材料一般是现代工业的产物。例如不锈钢和各种合金材料。它们表面光滑平整、质轻、易拉伸、延展性好。但这些材料表面反光能力强，经常产生幻影，细节变化不明显，所以只适合塑造形体简洁的造型。

9. 陶瓷雕塑

陶瓷雕塑是指利用黏土或陶土在高温条件下烧制而成的雕塑作品。由素胎直接烧成的陶瓷雕塑表面粗糙，给人一种苍劲古朴的感觉。而加有釉面的陶瓷雕塑，表面光亮，显得典雅细腻。在景观设计中，陶瓷雕塑能够创造出一种高贵优雅的氛围。

10. 植物雕塑

植物雕塑是以植物构成的立体造型（图4-29）。一方面指以各具形态的钢结构骨架为基础，填充上营养土后在其表面栽植丰富多彩的植物而形成的雕塑结构；另一方面指某种植物经过加工修剪所形成的造型。前一种形式的植物雕塑通过使用各种形式的载体，结合园林色彩美学及装饰绿化植物，经过合理的配置，将植物的装饰功能从平面延伸到空间，形成三维立体的装饰效果。这种植物雕塑造型丰富，并且由于采用现代浇灌技术，管理上实现了自动化浇水，可使花坛花卉常开不断。此种植物雕塑在我国大部分地区较为常见，成为点缀城市环境的美丽景观。后一种形式的植物雕塑制作起来比较简单，但造型不如前者丰富。

11. 合成材料雕塑

合成材料雕塑包括玻璃钢雕塑、塑料雕塑等。玻璃钢是一种化工合成的有机高分子聚合物材料，其具有黏度高、质轻的特点。因此利用玻璃钢制作雕塑，可以模拟各种表面效果，表现出微妙的细节变化，而且制作工艺简单。但由于玻璃钢为有机合成物，在室外环境下容易老化变质，因此常用于室内景观设计中。塑料是以合成树脂或天然树脂（或天然高分子物质）为基本成分。它的特点是质轻，具有耐磨、耐腐蚀、绝缘性好等性能。塑料的种类繁多，颜色各异，工艺简单。

图4-29 植物雕塑

（三）按照创作的艺术手法不同分类

1. 具象雕塑

通过对客观形象的提炼、取舍，再经过夸张、变形等一系列处理后产生的雕塑造型。具象雕塑要表达的是一种大众化的认知，具有广泛的艺术属性。一般选取客观形象有两种方式：一种是以具体的某个人或某个形象为原版对其进行艺术加工，这种创作方式一般为纪念性的或学习性的，如《售棉大路》雕塑（图4-30）。另一种是以某种客观形象或众所周知的假想中的形象为素材来象征或比喻某种精神或事物。如在中国悠远绵长的历史中，人们常常以“鹤”来代表长寿，以“龙”来象征皇权。

从造型的角度来分析，具象雕塑情节生动，形体准确。具象雕塑不论是对客观事物的如实反映，还是对客观事物有所取舍、强调、组合等，但在总体上一般不会脱离事物的总体形象。大多数的具象雕塑主题明确、形体准确，能够直观地再现客观世界的变化，反映一种思想和看法。

2. 抽象雕塑

抽象雕塑是由点、线、面、体等几何元素与符号组合而成的造型艺术，没有具体的客观形象为依据，给人以无限的想象空间（图4-31）。抽象雕塑充满现代气息，能与简洁凝练的现代建筑很好地融合在一起。不同的文化、艺术背景的人对抽象雕塑作品有不同的理解与感受。抽象雕塑抛弃生活的真实，是一种主观化、情绪化的反映。

三、雕塑景观设计的原则

在景观设计中，雕塑以其强烈的艺术感染力成为特别的配景小品。雕塑在景观设计中往往作为一个空间中的标志性主体或成为视觉中心。雕塑一经建成，就不易变动，因此在设计时要谨慎考虑。雕塑景观设计通常要遵循以下原则。

1. 主题与风格

雕塑景观设计的主题与风格取决于景观设计整体的功能。在进行设计前，一定要充分了解大的景观环境的功能与气氛，弄清楚建造大环境的目的，是居住区、休闲娱乐场所还是纪念性广场等。要对周围的环境有充分的调查与分析之后，才能确定雕塑的具体设计方案。

2. 民族文化与地域文化

雕塑景观设计应体现民族文化与地域文化。雕塑作为一种艺术形式，有着丰富的文化内涵。在一些城市的标志性广场，雕塑更应体现民族文化与地域文化。

3. 雕塑景观设计的传承性与时代性

雕塑是人类历史上最古老的设计形式之一，可以说，雕塑设计是伴随着人类的成长而不断发展的，因此，雕塑设计具有鲜明的两重性，即传承性和时代性。传承性是指雕塑设计经过几千年的发展过程，在表现形式、思想内容和风格手法等方面的演变脉络。人们所习惯和认同的雕塑样式就是发展传承的结果。时代性是指

图4-30 《售棉大路》呙智强

图4-31 《斜卧的人体》亨利·斯宾赛·摩尔（Henry Spencer Moore）

雕塑设计记录历史的功能，不管何种风格样式、何种艺术手法、何种思想内容的雕塑作品，都不可避免地打上了时代的烙印。

雕塑景观设计应体现时代精神。雕塑作为一种设计对象，具有鲜明的时代特征。其主题思想和表现手法都打上了时代的烙印。

四、雕塑景观设计的一般步骤

（一）从景观设计的内容和功能出发，来确定雕塑的主题、内容和风格

雕塑所处的环境都是有一定功能的。雕塑作为某个景观环境的精神表达，其性质和内容不但取决于该景观环境的主要功能，也是该景观功能的文化内涵的集中体现。

（二）根据主体景观元素的布局，确定雕塑的位置与朝向

雕塑放置的环境，有相应的建筑景观因素、历史文化风俗因素、人群车流因素，也有无形的声、光、温度等因素，这一切构成了景观的布局因素。因此，决定雕塑场地、位置、尺度、色彩、形态、质感时都必须从整体出发，研究各方面的背景关系，通过均衡、统一变化、韵律等手段，寻求恰当的解决方案，表达特定的空间气氛和意境，形成鲜明的第一视觉印象。当人们介入这一特定的空间中，随着视觉的移动，会在人们的头脑中形成有节奏、有韵律的视觉空间效果和所表达的气氛与意境。

一般来说，雕塑的位置可选择在环境的集合轴线上，或在主要的交通流线上，或在建筑主立面入口前。在不对称的环境中，雕塑的位置可以比较自由，但也应根据人行流向在空间中形成有抑有扬的视觉序列，雕塑的朝向大多向着人流进入空间的方向，将最好的效果展现给人们。

（三）根据主体景观元素的规模，确定雕塑的空间尺度感

在开阔宽大的环境中，可以设置巨大的雕塑，而小空间中应安放尺度较小的雕塑。雕塑的尺度感不仅与尺寸大小有关，不同的造型和虚实关系也是重要的影响因素。

（四）根据主体景观的背景，确定雕塑的材料、色彩和质感等

雕塑与背景之间应构成一定的比例，以使雕塑形象醒目、鲜明，这并不与要求和环境相协调统一的原则相矛盾。雕塑的主体、风格应与景观环境协调一致，但在一些细节的处理上，为了要表达艺术感染力，适当的对比也是必不可少的。

现代的雕塑以其千姿百态的造型和审美观念的多样性，加之利用现代高科技、新材料的技术加工手段与现代环境意识的紧密结合，给现代生活空间增添了生命活力。人们置身其中，赋予人以人文内涵与艺术熏陶。

随着社会的高速发展和进步，人类对自身生存空间给予了特别的关注和思考，尤其对环境的态度有了根本性的转变。作为在景观设计空间中起着十分重要作用的雕塑景观作品也从装饰性、纪念性的单一有限的基础上，跃向了一个全新的高度。

第三节　绿化景观设计

一、绿化的功能

绿化就是种植各种植物，把一定的地面或空间覆盖、装点起来，以减少自然灾害，防止水土流失，净化空气，改善生态环境。绿化景观设计就是以绿化为主要目的的景观设计。

（一）改善和调节气候

植物能够吸收大量的热量，调节气温和湿度，增强城市的通风，降低并减弱城市的热岛效应。据科学家测定，城市草坪表面温度比一般地面温度低6～7℃，比柏油马路低8～20℃。同时，高大的植物还可以降低风

速，阻挡风沙。

（二）防止水土流失

绿地能够降低地表径流，减少对河湖的污染。绿化能够蓄养水源，减少洪害，防止水土流失。5万亩森林的蓄水量相当于一座100万立方米水库的蓄水量。因而有树木的地方，水量不易蒸发。

（三）组织空间

在景观设计中常常利用绿化来限定与分割空间，以阻隔视线、分离交通、组织人流的穿行等。例如绿墙和绿篱经常用来分隔空间。

（四）美化环境

植物是活的生物体，它会随着生长的过程不断变化，因此就多了一种生长的过程美和动态美。与人工构筑物相比，绿化在触觉和嗅觉上都给人以亲切宜人的感觉。如果在钢筋混凝土的现代建筑之间放置几处绿化，空间就不会显得僵硬冷漠。绿树与绿地能引鸟筑巢。各种鸟在人们的头顶上盘旋、鸣叫，能给城市增添无限的情趣。此外，大片草地还能吸引彩蝶纷飞、蜜蜂飞舞，使城市环境更优美、更多彩。绿化可以运用树木花草不同的形状、颜色、用途和风格，使一年四季色彩丰富，乔木、灌木、花卉、草皮层层叠叠的绿地，镶嵌在城市、工厂的建筑群中，灵活巧妙地体现着城市的美丽。绿化不仅给城市披上绿装，而且其瑰丽的色彩伴以芬芳的花香，点缀在绿树成荫、蓊郁葱茏中，更能起到画龙点睛、锦上添花的作用，为人们工作、学习、生活创造优美、清新、舒适的环境（图4-32）。

（五）陶冶情操

“绿”已成为生命力的象征，成为人人需要、人人追求的一种“美”。绿化充满生机，给人以奋发向上，热爱生命的感召力。中国自古就有寄思于花草之说。历代文人墨客所推崇的“梅、兰、竹、菊”四君子正体现了花草对于人们的感召力。

（a）竹林与草坪　　（b）玉兰园绿地

图4-32 美化环境

二、绿化植物对生态环境的需求

不同的植物对环境有不同的要求，条件适宜时，则生长良好，否则将生长不良，难以发挥其应有的价值，甚至会造成死亡。影响植物生长的环境因子主要包括光照、温度、土壤、水分和生物。

（一）光照

在一定的光照范围内，光合作用效率与光强成正比，达到一定强度后实现饱和，再增加光强，光合效率也不会提高，这时的光强称为光饱和点。当光合作用合成的有机物刚好与呼吸作用的消耗相等时，这时的光照强度称为光补偿点。随着光照增强，积累的养分也增加，直到达到光饱和点，则不再增加，甚至下降。不同观赏植物对光照要求不同，可分为阳性、中性和阴性。阳性植物的栽培地点必须有充足的阳光，只有在足够的光照条件下才能正常生长，其光饱和点和光补偿点都很高。若日照不足，易导致生长和发育不良，甚至死亡。如茉莉花、月季花、海棠、石榴、毛竹、杨、柳、槐等均属阳性植物。阴性植物对光的需求远低于阳性植物，光饱和点和光补偿点都很低。多生长在潮湿背阴的地方或密林内。常见的阴性植物有山酢浆草、连钱草、铁杉、云冷杉等。中性植物对光照具有较广的适应能力，对光的需要介于上述二者之间，但最适宜在完全的光照下生长。

（二）温度

植物的生长有一定的温度范围，超过其最低和最高温度，植物都无法生存。随温度由高到低的变化，植物的生长速度的变化呈一抛物线。温度是决定植物分布的重要因素。热带、亚热带、温带和寒带地区各有自己特有的植物种类。热带和亚热带的植物引种到温带需要在温室或室内栽培。

（三）土壤

对植物来说，土壤起支持作用，并提供植物生命活动所必需的水和矿物质营养。一般来说，肥沃的土壤含有充足的贮备养分及适中的水分、空气、温度及丰富的有益微生物。土壤的酸碱度也很重要。酸碱度以pH来表示，pH值等于7时，土壤显中性，pH值越大，碱性越强，酸性越弱。pH值越小，碱性越弱，酸性越强。

（四）水分

水分是一切生命活动不可缺少的。地球上的降水量地区分布很不均衡，有的地区全年多雨，有的地区全年干旱，有的地区季节性多雨，有的地区季节性干旱等，因此，植物的适应能力也不同，有旱生植物、中生植物、湿生植物和水生植物之分。旱生植物主要分布在沙漠地带，如仙人掌等。中生植物分布很广，有的较耐干旱，有的较喜湿润，如夹竹桃、刺葵、半生莲等属较耐干旱型的，而水杉、兰花、虎耳草等属较喜湿润型的。湿生植物要求有很高的空气湿度，通常生长在潮湿的森林中，如水松、落羽杉等。水生植物则直接生长于水中，有沉水型、漂浮型和出水型之分，如金鱼藻、睡莲、荷花等。

（五）生物

植物在自然界不是孤立存在的，而是与其他生物共存。它们之间有互助、竞争、共生、寄生的关系。例如，豆科植物必须与根瘤菌共生才能生长良好。

三、植物分类

在现实生活中，人们都喜欢自然美，人们对自然之爱往往寄托于一草一木之中。植物是绿化景观设计中的主要元素，它随着生长时间的增长和四季的交替而变化，也随早晚、阴晴、风雪、雨雾等自然条件的变化而变化。植物种类繁多，数不胜数，是人们亲近自然的直接媒介。根据茎的形态及景观绿化的需要，植物可分为乔木、灌木、藤蔓植物、花卉、地被等几种。

（一）乔木

乔木的树体高大且有明显的树干和树冠，一般可达5米以上，可分为常绿和落叶两种。乔木的树冠如伞，可以遮挡阳光，适合在其下纳凉。有时孤植一棵乔木可形成景观的视觉中心，形成观赏的主体。

乔木按高度可分大乔木（高20米以上），中乔木（高10～20米）及小乔木（高5～10米）。通常以距地面1.3米处的树干直径表示树木的粗细，称为胸高直径（简称胸径）。有的则在近地处即分枝，形成两个以上的树干；在纬度极高、海拔极高处的松、云杉、桦等，仅高10厘米，但仍有一根主干。

各种类型的乔木在自然界的分布，同样取决于生长季节的长短和水分的供应情况。无霜期太短的地区，缺雨的沙漠、半沙漠地区，乔木都不能生长。主要由针叶乔木构成的北方寒温带常绿林占据着广大地区，有时向北延伸到北纬72°以北，横跨北美、欧洲、亚洲，向南则伸展到热带山区。

乔木的形态因种类不同而有很大差别。气候、土地、地形的不同，乔木的大小也表现出极大的差异。生长于森林中的乔木，其树冠形态与生长于开阔地的乔木不同。乔木的生命很长，有的可达数千年之久。据说，寿命最长的是生长于美国内华达的一株芒松，树龄已达4600年。最高的乔木是太平洋沿岸的红杉，其中有几棵高达105米，最粗的是非洲的猴面包树，最大直径达7.5米，及墨西哥落羽杉最大圆周达45米。孟加拉榕树向四面伸展的分枝触地后能长成支持根，因此树冠极宽大，有一株树的树冠圆周竟达600米。

（二）灌木

灌木是指树体矮小，主干低矮、不明显，通常丛生而没有主茎的、低于5米的木本植物。如有许多枝条而且很稠密，在地下即分蘖，则可称丛生灌木；主茎或树干在地面上很矮即开始分枝，称直立型灌木；有的拱垂，为垂枝灌木；匍匐型的为匍匐灌木；枝干不超过0.5米者为小灌木。

（三）攀缘植物

攀缘植物也称藤本植物，是指本身不能直立生长，要靠附属器官缠绕或攀附他物向上生长的植物，如牵牛花、紫藤、葡萄、常春藤、凌霄等（图4-33）。攀缘植物在景观绿化设计中用作垂直绿化，是充分利用小面积的土地达到立体绿化效果的主要植物

图4-33 攀缘植物——紫藤

材料。花架、墙垣、栅栏等的绿化装饰都需要攀缘植物。攀缘植物一般可分为草本攀缘植物和木本攀缘植物两种。

草本攀缘植物一般较小，茎细小柔软，如牵牛花等就是草本攀缘植物。某些攀缘植物的叶子可以盖住整个树，有些还长果子。攀缘植物有攀附器官，如缠绕茎、吸盘、卷须、气生根及拱形蔓条或钩刺等。

木本攀缘植物的茎较硬，也较大，如紫藤、常春藤等都属木本攀缘植物。有的种类沿着树往上长，有时还可以从一棵树上长到另一棵树上，可谓“树爬树”。

攀缘绿化可以根据攀缘植物的吸附或攀附能力做出安排，例如有吸盘或气生根的植物，吸附能力强，宜作墙面绿化覆盖。有缠绕茎、卷须或钩刺的植物，攀附能力较强，宜作花架、阳台、栅栏等方面的绿化装饰。同时也要根据攀缘植物的生态习性，因地制宜来选择植物种类。耐寒性较强的爬山虎、忍冬、紫藤、五叶地锦等适宜于中国北方栽培；而在中国南方，除上述植物外，还可用常春藤、络石、凌霄、薜荔、油麻藤、木香等。喜阳的凌霄、紫藤、葡萄等宜植于建筑物的向阳面；耐阴的常春藤、爬山虎等宜植于建筑物的背阴处。

攀缘绿化除美化环境、装饰建筑物外，还有增加叶面面积和绿化率、阻挡日晒、降低温度、吸附尘埃的作用，是景观设计中一种常用的绿化造景手段。

攀缘绿化作为景观设计中重要的垂直绿化材料，其具有以下几个方面的特点：

①用途多样。攀缘植物能随建筑物的形体而生长。攀缘植物可以绿化墙面、阳台和屋顶，装饰灯柱、栅栏、亭、廊、花架和出入口等，还能遮蔽景观不佳的建筑物，起到改善和美化环境的作用。

②占地少。攀缘植物因依附在建筑物或垂直的支架上生长，形成垂直绿化，因此占地很少。在人口较多、建筑密度大、绿化用地不足的城市，攀缘绿化的这一优越性尤为突出。

③繁殖容易。攀缘植物生长速度快，管理简便，费用低。草本攀缘植物当年播种，当年发挥效益。木本攀缘植物，通常用扦插、压条等方法繁殖，易于生根，有的一年可繁殖数次，能在较短的时间里提高绿化水平。

（四）花卉

主要以观赏为主，经常种在小游园、庭院或步行街的两边，以便行人观赏。花卉有草本，也有木本，可以种在盆中，也可直接种在空地上。

按照生长习性和形态特征，分为多年生宿根花卉、一年生草本花卉、木本花卉、球根花卉，也可分为陆地花卉、水生花卉，或者是温室花卉、室外花坛用花卉，或者是观花花卉、观叶花卉、观果花卉等。

（五）地被植物

自然生长高度或是修剪后高度在1米以下，枝叶密集，具有较强的扩展能力，能很快覆盖地面的植物群体。地被植物一般为多年生草本植物、一些低矮丛生、枝叶密集的灌木或藤本植物，种植后不需经常更换。一般是指株形低矮匍匐、能覆盖裸露地面的草本和灌木植物。地被植物是应用广泛的地面绿化材料，不仅用于小面积绿化，也可用于大面积裸露的平地或坡地、林下空地等环境中，宜作为草坪植物，能形成较柔软的地面材料。地被植物种类繁多，养护简单，不需要经常修剪，既可以覆盖地面、保持水土、吸尘保湿、净化空气，也可以作为装饰，美化环境。

四、植物配置

植物的形态是植物观赏的主要方面，中西方在植物造景方面是有很大差别的。在东方，植物造型主要以植物自身的形态及人工修饰的形态为主要欣赏元素。而西方的植物造型是以进行修剪自我需要的形态为目的，不注重植物自身的形态。

植物具有生命，不同的园林植物具有不同的生态和形态特征。进行植物配置时，要因地制宜，因时制宜，使植物正常生长，充分发挥其观赏特性。

（一）孤植

孤植也称单植，指单株植物孤立种植，有时也可以是两株到三株，紧密栽植，组成一个单元，但必须是同一种植物，远看起来和单株栽植的效果相同。孤植树下不宜配植灌木。对于高大树木来说，孤植的主要功能是构图艺术上的需要，作为局部空旷地段的主景。孤植主要表现植物的个体美，一般作为视觉中心处理。孤植常用于大片草坪上、花坛中心、小庭院的一角与山石相互成景之处。孤植的树木植株一般形体优美且高大，树叶茂盛，树冠开阔且分杈小，如树干特别的白皮松等。同时孤植的树种还要生长健壮，寿命长，能经受重大的自然灾害，且不含毒素，无污染性和易脱落的瓜果等。

（二）丛植

丛植指三株以上同种或异种植物不等距地种植在一起形成一个整体。是园林中普遍应用的方式，可用作主景或配景，也可用作背景或隔离措施。配置宜自然，符合艺术构图规律，要既能表现植物的群体美，也能表现植物的个体美。丛植是景观设计中一种要求较高、艺术性较强的种植方式。

（三）群植

群植是由许多植物配合，组成较大面积的植物群的种植方式。一般以乔木居多，可以配以灌木。作为构图上的主景之一，群植主要体现整体美。组成群植的单株植物的数量一般在20～30株以上。树木的群植应选择在有足够距离的开阔场地上，如宽广的林中空地、水中的小岛屿、宽广水面的水滨、靠近林缘的大草坪、小山坡上、土丘上等。在树群主要立面的前方，至少要留出树群高度的四倍、树群宽度一倍半左右的空地以供游人欣赏。

群植中的树群可以分为纯种树群和混交树群两种。纯种树群由一种树木组成；混交树群由多种树木构成。在景观设计中较多采用混交树群。

群植内植物的栽植要有疏密变化，切忌成行、成排、成带栽植，常绿、落叶、观叶、观花的树木应采用复层混交、小块混交与点状混交相结合的方式。

（四）对植

在某些空间的两侧按照一定的轴线关系配置相互对称或均衡的两组树木，每组植物可以是一株，也可以是多株；可以是一种，也可以是多种。对植主要用于公园、建筑、广场等入口以及道路等活动区的两侧，同时结合休息等功能，在空间构图上是作为配置用的。

（五）规则式配植

1. 行植

在规则式道路、广场上或围墙边沿，呈单行或多行的，株距与行距相等的种植方法，称为行植。

2. 正方形栽植

正方形栽植是按方格网在交叉点种植树木，株行距相等。

3. 三角形种植

三角形种植指株行距按等边或等腰三角形排列。

4. 长方形栽植

长方形栽植是正方形栽植的一种变形，其特点为行距大于株距。

5. 环植

环植是按一定株距把树木栽为圆环的一种方式，可有1个圆环、半个圆环或多重圆环。

6. 带状种植

带状种植是用多行树木种植成带状，构成防护林带。一般采用大乔木与中、小乔木和灌木作为带状配置。

（六）附植

附植是指植物本身无法直立生长，要靠缠绕或攀附其他物体才能向上生长的种植方式。附植一般分为攀缘和悬吊两种。攀缘植物需要有支架才能攀缘其上生长。攀缘植物本身没有固定的造型，往往要靠支架的结构来形成一定的形状。如牵牛花、紫藤、葡萄、常春藤、凌霄等都是攀缘植物。悬吊是指把藤蔓植物或气生性植物种在高于地面的容器中而形成的绿化，常见的有吊兰、天门冬等。

（七）林带

林带在园林中用途很广，可屏障视线，分隔园林空间。可做背景，可庇荫，还可防风、防尘、防噪声等。自然式林带就是带状的树群，一般短长轴之比为1：4，即短轴为1，长轴为4以上。

五、植物配置原则

植物在一定的空间内共同组合在一起，形成一种形体并与周围环境表现出既定的氛围，从而使人们感受到美。植物的配置应遵循一定的原则。

（一）符合景观绿地的性质和功能要求

进行绿化种植设计，首先要从该景观绿地的性质和主要功能出发。绿地功能很多，具体到某一绿地，总有其具体的主要功能。

（二）考虑景观审美性的需要

1. 总体艺术布局上要协调

规则式绿化植物配置多为对植、行植，而在自然式绿化种植中则采用不对称的自然式，充分发挥植物材料的自然姿态。采用不同形式的种植形式，如一般在大门、主要道路、整形广场、大型建筑附近多采用规则式种植，而在自然山水、草坪及不对称的小型建筑物附近采用自然式种植。

2. 考虑四季景色变化

景观植物的景色随季节的不同而有所变化，可分区分段配置，使每个分区或地段突出一个季节植物景观主题，在统一中求变化。在重点地区，四季游人集中的地方，应使四季皆有景可赏，即使以一季节景观为主的地段也应点缀其他季节的植物，否则一季过后，就显得极为单调。应全面考虑植物在观形、赏色、闻味、听声上的效果。在进行景观设计时，要对植物的生物特性进行深入了解，并将其季节特点融入园林造景中，提高园林造景的水平和质量（图4-34）。

图4-34 常绿景观

3. 植物配置要从总体着眼

①植物的配置在平面上要注意配置的疏密和轮廓线，在竖向上要注意树冠线，树林中要组织透视线。

②重视植物的景观层次，远近观赏效果，远观常看整体效果。

③植物配置还要处理好植物与建筑、山、水、道路的关系。

④植物的个体选择，首先要看总体，如体型、高矮大小、轮廓；其次才是叶、枝、花、果。

（三）选择合适的植物种类，满足植物生态要求

按照绿地的功能和审美要求选择植物种类，例如行道树为满足主要功能荫庇而要求选择树干高、容易成活、生长快、能适应城市环境、耐修剪、耐烟尘的树种。而绿篱要求选择上下枝叶茂密，耐修剪能组成屏障的树种。种在山上的植物，要求耐干旱，并要衬托山景；种在水边的植物要求耐湿，且与水景相协调。

要满足植物的生态要求，使植物能正常生长，一方面是因地制宜，适地择树，使所种植植物的生态习性和栽植地点的生态条件基本上得到统一；另一方面就是为植物正常生长创造适合的生态条件。选择植物应以当地乡土植物为主，也可采用引种驯化成功的外地优良植物种类，或能够创造满足所要求生态条件的外地植物。

（四）树木的种植密度与搭配

树木种植的密度是否合适直接影响绿化功能的发挥，从长远考虑，应根据成年树木的树冠大小来决定种植距离。如想在短期内就取得好的绿化效果，种植距离可近些。

在树木配置上，还应兼顾快长树与慢长树、常绿树与落叶树、乔木与灌木、观叶树与观花树等的搭配。在植物配置上还要根据不同的目的和具体条件，确定树木花草之间的合适比例。如纪念性公园常绿树比例就可多些。树木种植搭配时还要注意和谐，要渐次过渡，避免生硬。

（五）重点突出

无论什么设计都要有主题，鲜明的主题要靠重点来突出。在绿化景观设计中，有的种植一片石榴（南京燕子矶），有的种植一片海棠（昆明圆通山），有的种植一片梅花（杭州西湖灵峰），有的种植大片竹林（北京紫竹院公园），都突出了主题，表现了“个性”。用孤立树同样可以达到突出重点的目的，在西方景观设计中很普遍，我国景观设计中也有。我国传统上把树木花草人格化，赋予其一种精神，成为一种象征。因而可以集中某种植物的群体成林成片，或者突出一株、几株，加以渲染而成主景。例如经常可以见到的桃花坞、兰圃、黄叶村、橘子洲、海棠峪等。

当然，突出重点也不一定非是采用纯林、孤立树的一种手法。运用对比、衬托、框景等手法都可以。特别在景观设计中以对比微差的手法是常用的。对比微差是指利用互相衬托以求得变化为对比，借助彼此之间的协调和连续性形成调和为微差。植物配置上的对比微差有：

（1）形体对比，如高与矮（垂柳与黄杨），横与竖等。

（2）色彩对比，如红与黄（一串红与黄菊），红与蓝（红三色堇与藿香蓟），深绿

与洁白（圆柏与白丁香）等。

（3）虚与实对比，如密林与疏林草地等。

（4）明与暗对比，如广场、草坪与郁闭的树林。

（5）动与静对比，如飘香、花影与伫立的花草树木。

六、主要的绿化设施

（一）绿篱与绿墙

绿篱是耐修剪的灌木或小乔木，以相等距离的株行距栽植而成（图4-35）。

绿墙由灌木或小乔木以近距离的株行距密植，栽成单行或双行，紧密结合的规则的种植形式。根据绿篱及绿墙的高度可分为高绿墙、矮绿墙、高绿篱和矮绿篱四种，如表4-1所示。根据功能要求与观赏要求绿篱及绿墙可分为常绿绿篱、花篱、观果篱、刺篱、落叶篱、蔓篱与编篱等。

图4-35　绿篱

表4-1　根据绿篱及绿墙的高度分类

绿篱及绿墙类型	高绿墙	矮绿墙	高绿篱	矮绿篱
高度范围/厘米	160以上	＞120～160	＞50～120	50以下

（二）草坪

草坪也叫草皮，由人工选育矮生密集型的草种栽植的成片草地，经修整养护形成整齐均匀的覆盖，具有独特的开阔性和空间性（图4-36）。草坪是现代景观设计的重要组成部分。

草坪按照用途可分为游憩草坪、观赏草坪和运动草坪。游憩草坪是一种开放式的草坪，可供散步、休息、游戏及户外活动使用，一般要经常修剪，公园中应用较多，多为自然式。观赏草坪主要设置在建筑物前或伴随规范化的花坛而设立，以供人们观赏。这种草坪管理精细，必须定期清洁、修剪，边缘整齐，多为规则式，一般不开放，不能入内游憩。观赏草坪多选用绿色期较长，既耐炎热又抗寒的草种。运动草坪是专门为运动而设置的，如高尔夫球场、足球场等。运动草坪由多层结构组成，细密且富有弹性，具有耐踏性和平整性。

图4-36　草坪

草坪按植物材料的组合方式可分为单一草坪、混合草坪和缀花草坪。单一草坪指由一种植物材料组成的草坪。混合草坪指由两种或多种植物材料组成的草坪。缀花草坪指在以种植禾本科植物为主的草坪上，群植或散植草本花卉或球根花卉。

近年来，许多大中城市都把铺设开阔、平坦、美观的草坪纳入现代化城市建设规划之内，在辟建面积较大的公园绿地、中心广场绿地，建立纪念碑、喷泉、雕塑时，都把布置草坪作为衬托主景的主要手段。在现代化建筑的周围，一般以草坪为主景，将乔、灌、花配置其间，来加深草坪主景的气氛。如大连市人民广场，在广场草坪上种植孤立树和树丛，在草坪的边缘种植低矮植物等，进一步增强了草坪主景的透视性。文化休息公园应配置大面积的草坪，在人口集中的现代化城市和大工业区里，一般都规划建立面积较大的文化休息公园，作为居住在高层建筑里的居民早、晚或节日休息、活动的场所。如上海的鲁迅公园，以草坪为主景的种草面积约占公园绿地总面积的50%，几块大草坪可区分为儿童活动草坪，中、青年活动草坪和老年人活动草坪。

（三）花坛与花镜

花卉千姿百态、色彩丰富，具有陶冶情操、美化环境的作用。在绿化景观设计中，花的配置也是必不可少的。花坛、花镜的设计在景观设计中具有点缀景观、突出景点的作用。

1. 花坛

（1）花坛的概念与设计要求。花坛是一种比较特殊的园林绿地，是指在具有一定几何图形的种植床内栽植各种色彩鲜艳或纹样优美的花卉，主要表现花卉的色彩美和群体美。

花坛的布局与摆放要依据相应地形与环境，采用不同的色彩及图案。在设计中，应遵循以下几点：

①花坛的植物多选用植株低矮、生长整齐、花期集中、株型紧凑而花色鲜艳（或观叶）的种类，以便使花坛经常保鲜且保持整齐的轮廓。

②花坛中，内侧植物应略高于外侧，使其由内向外，自然而平滑地过渡，使整个花坛表面线条流畅。

③要注意花色协调。同一花坛中的花卉颜色应对比鲜明，互相映衬，在对比中展示各自夺目的色彩。同时，要避免采用同一色调中不同颜色的花卉，若一定要用，应间隔配置，选好过渡花色。

④花坛摆放的图案，应简洁明快、线条流畅。一般采用大色块构图，在粗线条、大色块中显现各种花卉的魅力。

⑤在花坛摆放中可以采用绿色的低矮植物作为衬底，摆放在不同品种、不同色块之间，形成高度差，产生立体感。

⑥选好镶边植物。镶边植物选择的好与坏，直接影响到整个花坛的摆放效果。镶边植物应低于内侧花卉，可按照整个花坛的风格来选配其品种。若花坛中的花卉株型规整、色彩简洁，可采用枝条自由舒展的天门冬作为镶边植物，若花坛中的花卉株型较松散，花坛图案较复杂，可采用五色草或整齐的麦冬作为镶边植物，以使整个花坛显得协

调、自然。

（2）花坛的分类。根据对植物的观赏要求花坛可分为：

① 盛花花坛，又称花丛式花坛或集栽花坛，以欣赏花卉本身或群体的华丽色彩为目的的花坛，其长短轴之比在1：1到3：1之间，一般选用高矮一致，开花整齐繁茂、色彩艳丽、花期一致且较长的草本花卉（图4-37）。例如台早菊、翠菊、一串红、金盏菊、香雪球、三色堇等，也可以用多年生的球根花卉，如风信子、郁金香等。花坛中花色要求明快、搭配协调，主要表现花卉群体色彩美。所采用的花卉可以是同一个品种，也可以是几个品种有机地组合在一起，构成简单的图案。盛花花卉常设在视线较集中的重点地块，例如放置在城市公园中或大型广场的中央，大型建筑物的正前方，可以衬托建筑物，增强建筑物的艺术感染力。

②模纹花坛，又称为图案式花坛或毛毡花坛，主要表现植物群体形成的各种图案纹样，要求其精美细致，有长期的稳定性，可供较长时间观赏（图4-38）。模纹花坛主要以低矮的观叶植物和花叶兼美的观赏植物为主。模纹花坛的外轮廓以线条简洁为宜，内部纹样可精细复杂些。花坛的表面修剪成平整或和缓的曲面。模纹花坛通常需利用修剪措施以保证图案纹样的清晰。一般选择生长期长，生长缓慢，株丛低矮，枝叶紧密，花期集中，色彩艳丽，耐修剪的植物，如红绿草、白草、半支莲或荷兰菊、翠菊、彩叶草、香雪球、三色堇等矮化的品种。例如，将花坛中的观叶植物修剪成文字、肖像、动物、时钟等形象，使其具有明确的主题思想，常用在城市街道、广场的缓坡之处以及重大节日场地来增加节日喜庆气氛。

③立体花坛，是模纹花坛的立体发展或立体构形，通常设在广场上或主要入口处（图4-39）。装饰立体花坛可分为两种：

造型花坛：利用模纹花坛的手法，运用草本观叶植物制成各种造型。如动物形体、花篮、花柱、花瓶、亭子、塔等。常用的植物有五色草和小菊等。立体花坛的前面或四周平面式或斜面式装饰，一般以四面观赏为多。

标牌花坛：利用植物材料把花坛做成距地面一定高度垂直的或斜面的广告宣传牌样式，一般为一面观赏的，多放在路边的两侧。标牌花坛以东西两向观赏效果好（从光照条件考虑），可用五色苋等观叶植物做成字体或各种图案纹样，也可以以盛花花坛的材料为主，表现

图4-38　模纹花坛

图4-37　盛花花坛

图4-39　立体花坛

字体或者色彩。

2. 花境

（1）花境的概念及特征。花境也称花缘，境界花坛，是模拟自然界中各种野生花木的自然生长状态，经过艺术处理设计而成的形状各异、规模不一的自然式花带。花带宽度一般在2～3米，花境内的植物栽种后3～5年不更换。花镜的平面形状较自由灵活，可以直线布置，也可以作自由曲线布置，内部植物布置是自然式混交的。

（2）花境的种植位置。

①花境设在某个区域的边缘。

②花境设在园路的两侧。

③花境设在草坪的边缘。

④花境设在建筑物或构筑物的边缘。

⑤花境设在道路中央。

花境常栽植在树丛、绿篱、栏杆、林带、植篱、灌木丛、绿地边缘，道路两旁及建筑物前，以其为背景，根据边缘依环境的不同形成宽窄不一的曲线或直线花带。花境内的植物配置为自然式，一般是自然斑状的混交栽植。花镜的设计追求“虽由人作，宛自天开”的艺术手法，主要体现其本身特有的自然美以及巧妙组合的群体美，是自然状态的真实表现。

花境取材丰富，几乎所有的低矮开花植物都能作为花境的材料，但以多年生的宿根、球根花卉为宜，适当配植一些一两年生草花或者经过整形修剪的低矮灌木。根据不同的效果要求，花境的设计手法也是多样的。如对季相景色变化要求不同的季节花境设计、冷暖色调变化花境以及单色、双色花境设计等。要遵循生态学和生态经济学原理，在植物配置上还要兼顾观赏、生产、环保等功能。

按设计方式的不同，花镜可分为单面观赏和双面观赏两种。单面观赏花境主要应用在道路一侧的绿地，一般将较高的种类种在后面，矮的种在前面，即采用前低后高的配置方式，形成一个面向观赏者的斜面。双面观赏花境，主要应用于道路隔离绿化带中，中间植物最高，两边逐渐降低，其立面有高低起伏错落的轮廓变化。

花境的长度视需要而定，过长可分段栽植。在同一段中，花卉种类不宜过多，要充分了解各种花卉的生态习性，注意各自的形态、数量等运用是否协调；色彩搭配是否合理；生长季节的变化是否能互相补充，如荷包牡丹上半年生长，炎夏茎叶枯萎进行休眠，应在其间搭配一些夏秋生长茂盛而春夏又不影响它们生长与观赏的花卉，如鸢尾、金光菊等，就会收到良好效果。否则会显得杂乱无章或是出现明显的季节空秃。

花境设计要讲究构图完整、高低错落，确保一年四季季相变化丰富又看不到明显的空秃。在栽种时，首先是确定平面，平面构图多为鱼鳞网状混交斑块，面积可大可小，但不宜过于零碎和杂乱；立面构图要有层次感。花境中各种植物的配置，应考虑到同一季节中彼此的色彩、姿态、体形及数量的协调和对比，而且相邻花卉的生长强弱、繁衍速度也应大体相近，植株之间能共生而不能互相排斥（图4-40）。

图4-40 花境

（四）盆景

盆景是园林景观的缩影，它以小见大，体现了园林景观的内在之美。盆景有树桩盆景和山水盆景之分。树桩盆景简称“桩景”，是以大自然中的优美植物为表现主体，根据其生长特点和要求，运用各种栽培技艺和方法，对其进行长期的艺术加工，使其达到制作要求。盆景树桩的来源主要是从市场上购买，到野外挖取或采用人工繁殖等。盆景主要用于观赏植物的根、茎、叶、花和果实的形态，因此盆景又可以分为观果盆景和花草盆景。山水盆景是将精选的石料经过锯截、雕凿、拼接、胶合等技术处理，做成各种形状的山体，配上其他的设施来模拟自然界的山水风光。山水盆景是自然界中的秀丽山水，名山大川等在咫尺盆中的再现是通过艺术加工来完成的。在整个过程中，去粗取精，遮丑扬美，以少胜多，小中见大，在咫尺盆中塑造出千里之景。

七、植物造景艺术

在进行绿化景观设计时，植物的形状、色彩、质地及比例都要有一定的差异及变化，显示其多样性的特点，但又要使它们保持一定的相似性，在整体上达到统一。缺少变化，就会显得单调无味；变化过多，就会显得杂乱无章，给人一种支离破碎、心烦意乱的感觉。

在进行绿化景观设计时，要注意植物之间以及植物与其他构筑物之间的相互联系与配合，体现调和的原则，使其具有柔和、平静、舒适的美感，使人感到愉快。找出其中的近似性和一致性，在进行配植时才能产生协调感。相反，用差异和变化可产生对比的效果，具有强烈的刺激感，给人以兴奋、热烈和奔放的感觉。因此，在绿化景观设计中可采用对比的手法来突出主题或引人注目。

当植物与建筑物配植时要注意体量、重量等比例的协调。一些粗糙质地的建筑墙面可用粗壮的紫藤等植物来美化，但对于质地细腻的磁砖、马赛克，及较精细的耐火砖墙，则应选择纤细的攀缘植物来美化。南方一些与建筑廊柱相邻的小庭院中，宜栽植竹类，竹竿与廊柱在线条上极为协调。一些小比例的岩石园及空间中的植物配植则要选用矮小植物或低矮的园艺变种。小的景观桥附近可配置低矮植物（图4-41），反之，庞大的立交桥附近的植物景观宜采用大片色彩鲜艳的花灌木或花卉组成大色块，方能与之在气魄上相协调。

色彩构成中三原色中任何一原色与其互补色，能产生一明一暗，一冷一热的对比效果。它们并列时相互排斥，对比强调，呈现跳跃新鲜的效果。用得好，可以突出主题，烘托气氛。如红色与绿色为互补色，黄色与紫色为互补色，蓝色和橙色为互补色。我国造园艺术中常用万绿丛中一点红来进行强调。黄色最为明亮，象征太阳的光源。幽深浓密的风景林，使人产生神秘和恐惧感，不敢深入。如配植一株或一丛秋色或春色为黄色的乔木或灌木，诸如烨木、无患子、银杏、黄刺玫、栗棠或金丝桃等，将其植于林中空地或林缘，即可使林中顿时明亮起来，而且在空间感中能起到小中见大的作用。红色是热烈、喜庆、奔放，为火和血的颜色。刺激性强，为好动的年轻人所偏爱。园林植物中如火的石榴、映红天的火焰花，开花似一片红云的凤凰木都可应用。蓝色是天空和海洋的颜色，有深远、清凉、宁静的感觉。紫色具有庄严和高贵的感受。园林中除常用紫藤、紫丁香、蓝紫丁香、紫花泡侗、阴绣球等外，很多高山上蓝色的野生花卉急待开发利用。如乌头、高山紫菀、楼斗菜、水苦荬、大瓣铁线莲、大叶铁线莲、牛舌草、勿忘我、蓝靛果忍冬、野葡萄、白檀等。白色悠闲淡雅，为纯洁的象征，有柔和感，使鲜艳的色彩柔和。园林中常以白墙为纸，墙前配植姿色俱佳的植物为画，效果奇佳。园林中植物种类繁多，色彩缤纷，常用灰叶植物很难达到统一各种不同色彩的效果。

图4-41 桥与植物造景

将体量、质地各异的植物种类按均衡的原则配植，景观就显得稳定、和谐。如色彩浓重、体量庞大、数量繁多、质地粗厚、枝叶茂密的植物种类，给人以重的感觉；相反，色彩素淡、体量小巧、数量简少、质地细柔、枝叶疏朗的植物种类，则给人以轻盈的感觉；根据周围环境，在配植时有规则式均衡（对称式）和自然式均衡（不对称式）。规则式均衡常用于规则式建筑及庄严的陵园或雄伟的皇家园林中。如门前两旁配植对称的两株桂花；楼前配植等距离、左右对称的南洋杉、龙爪槐等；陵墓前、主路两侧配植对称的松或柏等。自然式均衡常用于花园、公园、植物园、风景区等较自然的环境中。一条蜿蜒曲折的园路两旁，路右侧若种植一棵高大的雪松，则邻近的左侧须植以数量较多，单株体量较小，成丛的花灌木，以求均衡。

八、植物配置的艺术效果

植物配置的艺术效果是多方面的、复杂的，需要细致地观察、体会才能领会其中的奥妙之处。大致有以下几类。

（一）丰富感

建筑物在尚未配置植物前显得简单枯燥，在配置后就变得优美丰富了。

（二）平衡感

平衡包括对称平衡和不对称平衡两类。对称平衡是利用体量上相等或相近的植物以相等的距离进行配置而产生的效果；不对称平衡是用不同的体量以不同的距离进行配置而产生的效果。

（三）稳定感

适当的植物配置常常能使景观设计中的各种配置具有一定的稳定感。

（四）严肃与轻快

应用常绿针叶树，尤其是尖塔形的树形可产生庄严肃穆的气氛；一些线条圆润流畅的树冠，尤其是垂枝形的树种常形成柔和轻快的气氛。

（五）强调与缓解

运用树木的体形、色彩对比加强某个景物，使其突出显现的配置方式起到强调作用。具体配置时常采用对比、烘托、陪衬以及透视线的手法；对于过分突出的景物，用配置的手法使之从强烈变为柔和，起到缓解作用。景物经过缓解后可与周围环境更为协调，可增加艺术层次感。

（六）情趣与意境

从欣赏植物景观形态美到意境美是欣赏水平的升华。其意境深远，达到了天人合一的境界。配置上的韵味效果即意境，颇有只可意会不可言传的意味。具有相当修养水平的人才能领会其中的真谛。例如，竹常代表高风亮节，莲花代表清廉高洁等。

总之，充分发挥植物配置的艺术效果，除应考虑美学构图上的原则外，必须了解树木是具有生命的有机体，它有自己的生长发育规律和各异的生态习性。景观设计人员在掌握有机体自身和其余环境因子相互影响的规律基础上，还应具有较高的栽培管理技术知识，并有较深的文学、艺术修养，才能使配置艺术达到较高的水平（图4-42）。

图4-42 街头水景——花卉与竖琴

第四节　水景设计

水是生命之源，与人类的生活息息相关，地球表面75%的面积被水覆盖着，所以人类常常习惯称地球为“水球”。人类热爱水，从小就喜欢与水亲密接触。李清照称“水光山色与人亲”，正体现了水的亲和力。人类在有水的地方建设自己的家园，创造出赖以生存的环境。人与水的关系体现了人类对大自然的依赖与向往。

水是景观设计中不可缺少的元素。古人把水称为景观设计中的“血液”“灵魂”，可见水在景观设计中的重要性。在中国传统景观设计中，几乎是“无园不水”。因此，在景观设计中，重视水体的造景作用，处理好水体与植物、建筑及其他构筑物之间的关系，可以营造出引人入胜的景观效果。在景观各元素中，水与山、石的关系最为密切。“一池三山”“山水相依”等都体现了中国山水景观的基本规律。例如，颐和园的昆明湖与万寿山相辅相成，构成了优美的画面。

古代先哲们将水拟人化，认为水具有仁、义、正、智、勇的品德。水所到之处，生命不息，此为“仁”；下流曲折而循其理，此为“义”；万折必东，至量必平，此为“正”；浅者流行，深者不测，此为“智”；飞流直下三千尺，此为“勇”。

当今许多景观设计与建设，无不借助自然或人工水景，来提高景观的意境，增加其感染力。

一、水的特性

在景观设计中，水是最有灵性，最活跃的因素，水具有可塑性，可流动、可发出声音，可以映射周围景物等特点。水可与建筑、植物、雕塑及其他的景观元素有机结合，创造出独具风格的景观作品。

（一）水的可塑性

水是一种无色无味的液体，水本身没有固定的形状，容器的形状、大小、颜色不同，水体也会相应变化不同的形状、姿态。在人工水体的设计中，对容器进行设计，可以营造出丰富多彩的水体景观。因此，从某种意义上说，水体形状的设计实际上也是容器形状的设计。

（二）水的形态美

水致柔，有静水和动水之分。静水主要指湖、池等静态水体或水流缓慢的水体。静水宁静、安详，能形象地反映周围的景物，给人以轻松、温和的感受。动水又可分为流水、落水和喷水三种形式。流水潺潺，逗人喜爱；落水轰鸣，给人一种力量感；喷水千变万化，别有一番情趣。

（三）水的声音美

水在流动中，与山石、堤岸产生摩擦，发出各种各样的声音。涓涓细流，给人一种低声吟唱的美感；汩汩清泉，喷涌不息，噗噗作响，气势磅礴。水声，增添了天然韵律与节奏，显示出空间的乐感美。

（四）水的意境美

以水环绕建筑物可产生“流水周于舍下”的水乡情趣；亭榭浮于水面，恍若神阁仙境；建筑小品、雕塑立于水中，便可移情寄生；水中植物配置用荷花，以体现“接天莲叶无穷碧，映日荷花别样红”的意境。

二、水的几种造景手法

（一）基底手法

大面积的水面视域开阔、坦荡，有托浮岸畔和水中景观的基底作用。当水面不大，但水面在整个空间中仍具有面的感觉时，水面仍可作为岸畔或水中景物的基底，产生倒影，扩大和丰富空间。

（二）系带手法

水面具有将不同的景观空间连接起来产生整体感的作用。将水作为一种关联因素又具有使散落的景点统一起来的作用，前者称为线型系带作用，后者称为面型系带作用。例如，扬州瘦西湖的带状水面绵延数千米，一直可达平山堂。再如，从桂林到阳朔，漓江将两岸奇丽的景色贯穿起来，这也是线型系带作用的例子。

水还具有将不同平面形状和大小的水面统一在一个整体之中的能力。无论是动态的水还是静态的水，当其经过不同形状和大小的、位置错落的容器时，它们因含有水这一共同而又唯一的因素而产生了整体的统一。

（三）焦点手法

喷涌的喷泉、跌落的瀑布等动态形式的水的形态和声响能引起人们的注意，吸引住人们的视线。在设计中除了处理好它们与环境的尺度和比例的关系外，还应考虑它们所处的位置。通常将水景安排在向心空间的焦点上、轴线的交点上、空间的醒目处或视线容易集中的地方，使其突出并成为焦点。可以作为焦点水景布置的水景设计形式有：喷泉、瀑布、水帘、水墙、壁泉等。

三、水景的形式及特点

水景常见的形式有四种：静水、流水、落水和喷水，其中流水、落水和喷水合称为动水。

（一）静水

静水（图4-43）主要指运动变化比较平缓，几乎无高程变化的水体形式，主要包括自然界中形成的静态水体（如湖、水池等）和水流缓慢的水体（如平静时的江、河、海等）以及各种人工水池等（图4-44）。静水一般有两种形式：一种是自然形成的，多为自由形；另一种是人工形成的，多为几何形或经过精心设计的、有一定含义的不规则形。静水一般有一定的规模，常成为景观视觉中心。静水能较清晰地反映出天空及周围物象的倒影，增加空间的层次感，表现出空间的无穷变化，易使人产生轻盈和幻象的视觉感受，给人以丰富的想象力。同时，静水可以产生逆光、反射等，能使水面的光影和色彩变化缤纷无限。在设计大面积的静水时，应注意避免空洞无物，死气沉沉，松散而缺乏神韵。

水池是静水设计中常见的形式之一，多见于广场、公园等的设计中。水池常由多个水池或与其他水体（如喷泉）组成图案，向水平方向或立体方向上伸展。

（二）流水

流水是在重力的作用下由于落差缓慢变化而形成的一种水体形式（图4-45）。流水是一种以动态水流为观赏对象的水景，主要包括自然溪流、河水和人工水渠、水道等。在水景设计中，主要通过控制水量、水深、水宽的大小及流水的形状和在流水中设置主景石来设计流水的效果及引导景致的变化。

（三）落水

落水的形成要有两个必不可少的条件：一是要有水；二是要有落差突变，即垂直落差大。简言之，落水是水体在流动的过程中，由于水平距离相对较短，垂直落差很大而形成的一种水体形式。落水实质上是流水的一种突变形式。常见的有瀑布［图4-46（a）］、水帘［图4-46（b）］、叠水［图4-46（c）、图4-46（d）］、流水墙等。

瀑布是典型的落水形式。它的气势、声音和起伏飞溅的形体给人很强的震撼感，是一种自然力的结晶，体现了一种自然美。若在瀑布的下落过程中没有障碍

图4-43　静水

图4-44　水池

图4-45　流水

物，则成为自由瀑布。若在瀑布的下落过程中设置一定的障碍物，就会产生别具一格的分层瀑布。瀑布有许多形式，按照其跌落方式的不同可以分为线落、布落、挂落、层落、叠落等（图4-47）。

（a）瀑布

（b）水帘

（c）人工叠水

（d）自然叠水

图4-46 落水

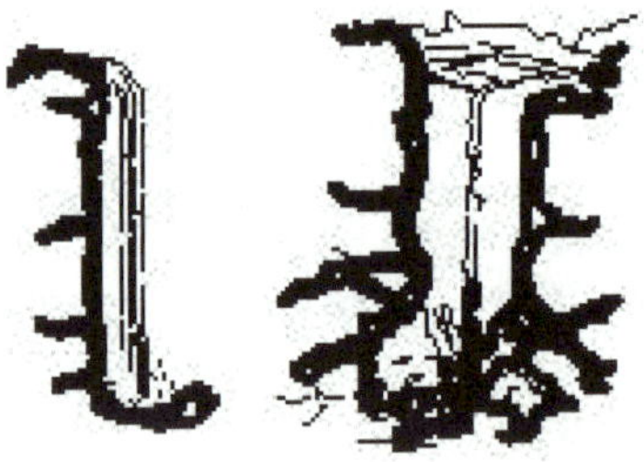
（a）线落

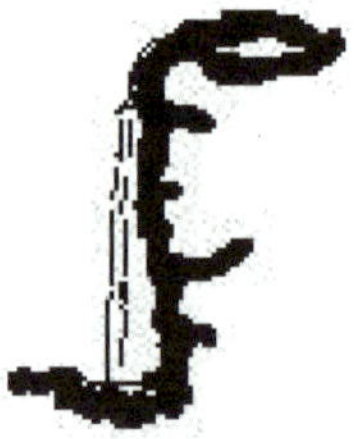
（b）布落

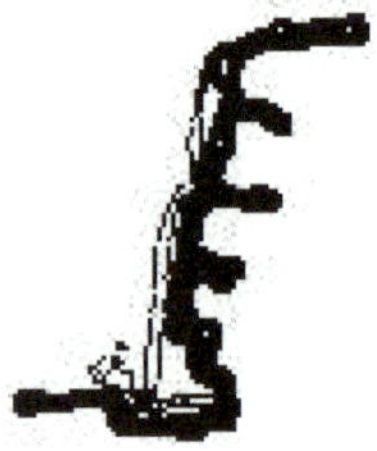
（c）挂落

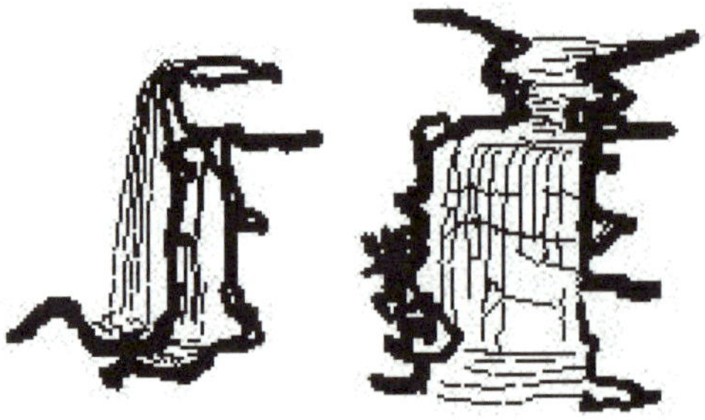
（d）层落

（e）叠落

图4-47 瀑布跌落方式

按照其形成方式的不同，瀑布有天然瀑布和人工瀑布之分。天然瀑布是在自然力的条件下形成的，人工瀑布通常是为了装点景观而设计，在进行人工瀑布的设计时应注意以下要点。

1. 估计水量

同一瀑布，如果瀑身的水量不同，就会营造出不同的气势，给人以不同的感受。在设计时首先应确定瀑布所要达到的效果，以确定瀑布蓄水池的水深。

2. 瀑布口的处理

瀑布口即瀑布的出水口，也是瀑身水形的基础，它的形状直接影响瀑布的形状和景观的效果。瀑布口的设计在平面上应曲折多变，在立面上要高低不平，以使水在跌落时有宽有窄，有薄有厚。

3. 瀑布整体设计

瀑布从瀑布口开始到坠入潭中的一段距离称为瀑身。瀑身是观赏的主体。瀑身的水态是由瀑布所依附的山体决定的。在瀑布塑造中，山体的形态变化往往能够创造出各式各样的瀑身水态。在设计时应根据景观、题材要求，选择适宜的落水形式。

4. 瀑潭的设计

人工瀑布的瀑身下常设有一个瀑潭，用来盛接瀑布跌落下来的水，其横向宽度应略大于瀑身的宽度，一般不小于瀑身高度的2／3；纵深应能盛接所有下落的水，包括向四周喷溅的水花。

5. 照明

在人工瀑布的设计中，常利用灯光来突出瀑身的动感和水花飞溅的绚丽姿态，以塑造瀑布迷人的夜景。

（四）喷水

喷水是水体在压力的作用下从低处向高处喷涌，再在重力的作用下从高处向低处跌落的水体形式。

喷泉是喷水的主要形式之一，也是城市动态水景的重要组成部分，常与声、光效果配合使用，形式多种多样。喷泉的控制包括人控、时控、机控及音控四种。人控，顾名思义就是通过人为操作来对喷泉的水姿加以控制；时控，就是根据时间的变化来对喷泉的水姿加以控制，随着时间段的不同，喷姿也不同；机控，这是一种自动化的控制方式，节省了人力资源，把人解放出来。音控，就是根据声源的音量大小及变化节奏等来对喷泉的水姿加以控制。其中音控的方式有两种比较有趣：一种是通过人叫喊的声音大小来对喷泉的水姿高低加以控制，也称为喊泉，是一种可互动的水景，常设于年轻人尤其是孩子们喜欢游乐的地方；另一种是随着音乐的播放节奏来变化水姿的喷泉，也称为舞泉。喷泉的设计千变万化，分布极广，从城市广场到街道小区，从公共场所到私家花园，都可以发现喷泉的存在，喷泉已成为人们所喜爱的水景构造。

四、水景植物配置

不管是静态水景，还是动态水景，都离不开花木来创造意境。景观中各类水体，无论是主景还是配景，大多借助植物来丰富景观。水景植物的姿态、色彩以及所形成的倒影都增加了水体的美感。

（一）水边的植物配置

水边植物主要用于丰富岸边景观视线，增加水面的层次感，突出自然野趣。水边植物配置切忌等距离种植，不宜修剪，不宜采用整形式，以免失去画意。在构图上，注意应用探向水面的枝、干，尤其是似倒非倒的水边大乔木，增加水面层次感，使水面富有野趣。我国景观设计中自古主张水边植物配置以线条构图为主。例如种植垂柳等枝叶下垂的树木，形成柔条拂水、碧波荡漾的美景（图4-48）。

我国北方常常在水边种植垂柳，或放几株古藤老树，配以碧桃樱花、青青碧草、几丛月季蔷薇、迎春连翘等，春花秋叶，韵味无穷。有时，也可在浅滩区或平直的湖岸线处植上一片水杉林，大气而壮观。可用于北方水边栽植的还有旱柳、红枫、重阳木、悬铃木、桑、梨、海棠、棕榈、棣棠、夹竹桃以及一些枝干变化多端的松柏类树木。

南方水边植物的种类相对丰富些，如水松、蒲桃、榕树类、木麻黄、蒲葵、红花羊蹄甲等棕榈科树种，垂柳、落羽松、串钱柳、乌桕等都是很好的造景材料。

（二）驳岸的植物配置

驳岸的处理形式多种多样，有土岸、石岸、混凝土岸、砖砌驳岸、卵石沙滩驳

图4-48 香格里拉大酒店中的滨水景观

岸、木状驳岸等，其植物配置原则是既能与山水融为一体，又对水面的空间景观起着主导作用。植物的配置受驳岸种类影响，应结合地形、道路、岸线布局及人流量等具体情况，有近有远，有疏有密，有断有续地进行设计。驳岸线条一般比较枯燥、生硬，宜配置柔软多变的植物加以柔化，如配置垂柳、迎春、连翘等，让柔长纤细的枝条下垂至水面，遮挡、弱化生硬的线条。同时，配以灌木和藤本植物，如变色鸢尾、黄菖蒲、美人蕉、风信子、燕子花、地锦、地被凌霄、铺地柏、红叶小檗等进行局部遮挡，增加活泼气氛。也可以根据季节栽植一些草花、宿根花卉等来进行美化（图4-49）。

（三）水面植物配置

水面植物是水体景观绿化不可缺少的植物材料。水面植物的种类相当多，有挺水植物、浮水植物、沉水植物等。水面景观应低于人的视线，与水边景观相呼应。根据需要，水面植物又可起到分隔空间的作用。例如，可以把较开阔的水面空间分成动、静不同的区域，以丰富水体的景观效果。水面植物的栽植不宜过密和拥挤，而且要与水面的功能分区相结合，留出足够空旷的水面来展现倒影和游鱼。常见的水面植物有荷花、睡莲、萍蓬、菖蒲、鸢尾、芦苇、水藻、千屈菜等，在接近岸边的地方，还可以种植水芋、燕子花、羊胡子草、灯心草、薄荷、锦花沟酸浆、勿忘我、丁香蓼、毛茛、婆婆纳和一些苔类植物。浮水和沉水植物则以水藻类植物为主，如金鱼藻、狸藻、狐尾藻、欧菱、水马齿、水藓等。

图4-49 驳岸的植物配置水池

（四）堤、岛的植物配置

堤、岛是水体划分水面空间的主要手段，堤常与桥相连。堤、岛的植物配置，不但使水面空间富有层次感，而且强化了水面空间的色彩效果，其倒影极大地丰富了水面景观。

岛的类型很多，大小各异。环岛以柳为主，间植侧柏、合欢、紫藤、紫薇等乔灌木，其疏密有致，高低有序，增加层次，具有良好的引导功能。

思考练习题

1. 结合本章的学习，选取一种或几种你所喜欢的景观设计类别，创作一件充满想象力和具有时代感的景观设计作品
2. 简述绿化景观设计的原则。

第五章

景观设计要素

教学目标和要求

通过本章的学习，学生能够掌握景观设计要素，并能灵活运用。

PPT课件

第一节 景观空间

一、空间的定义与构成

景观中的空间是一种相对于建筑的外部空间，它作为景观设计要素中的一个概念和术语，意指人的视线范围内由植物、地形、建筑、山石、水体、铺装道路等构图单体所组成的景观区域。它包括平面的布局，又包括立面的构图，是一个综合平、立面艺术处理的三维概念。有一定的视线范围是构成空间的前提，空间的本质在于其可用性，即空间的功能作用。容纳是空间的基本属性，一片空地无参照尺度，就不成为空间，在添加了实体进行围合以后便形成了空间。

长、宽、高和大、小是构成建筑室内空间的要素，地、顶、墙和尺度是构成建筑室内空间的物质形式。地是空间的起点、基础；墙因地而立，或划分空间，或围合空间；顶是为了遮挡而设。地与顶是空间的上下水平界面，墙是空间的垂直界面。与建筑室内空间相比，外部空间中顶的作用要小些，墙和地的作用要大些，因为墙是垂直的，并且常常是视线容易到达的地方。

顶与墙的存在与否、空透程度决定了空间的组成形式，地、顶、墙诸要素各自的线、形、色彩、质感、气味和声响等特征综合地决定了空间的质量。在进行景观空间设计时，首先要把握整体，撇开地、顶、墙诸要素的自身特征，主要从它们构成空间的方面去考虑，再考虑诸要素的特征，且使这些特征能准确地表达所希望形成的空间特点。

景观空间构成的效果及设计是以人观赏事物的视野范围为依据的，具体来说，就是垂直视角（20°~60°）、水平视角（50°~150°）以及水平视距等因素所产生的视觉效果。通常，衡量景观空间的构成效果须具备三个条件：一是地形、建筑、小品、植物等空间容纳物的高度；二是视点到空间容纳物的水平距离；三是空间内若干视点的大致均匀度。一般来说，视点到空间容纳物的水平距离与空间容纳物的高度之间的比值越大，空间意境越开朗；反之，比值越小，封闭感越强。通常情况下，以景观建筑为主的园林庭院空间宜用较小的比值，以树木或树木配合地形为主的景观空间宜用较大的比值。一般比值接近1时，空间范围小，空间感强，宜作为动态构图的过渡性空间或空间的静态构图使用。比值在2~3时，宜精心设计，而比值在3~8时，是重要的景观空间形式。

景观空间有自然空间和目的空间之分。目的空间与人们的意图有关，又可分为内在秩序的空间和外在秩序的空间。内在秩序的空间具有围合或封闭的特点，而外在秩序的空间具有开敞或半开敞的特点。

创造空间是景观设计的根本目的。每个空间都有其特定的形状、大小、构成材料、色彩、质感等构成要素，它们综合表达了空间的质量和空间的功能作用。设计中既要考虑空间本身的这些质量和特征，又要注意整体环境中诸空间之间的关系。

二、空间的基本特征

（一）人工主导性

工业革命促进了城市的急剧发展，形成了以人工环境为主体的景观空间，包括建筑物、构筑物、街道广场、城市园林和景观小品等，是城市空间活动高度集中的结果，也是历史文化的集中体现。

（二）立体扩展性

在城市化的初期，景观空间主要是低层、低密度在水平方向延伸扩展；随着人类社会的发展，土地资源和地面空间紧缺，迫使空间开始向空中发展。19世纪末期以来，建筑工业技术发展，为城市空间的垂直扩展不断提供新的可能，景观空间从平面扩展转向立体扩展，高层建筑控制了城市天际线。与此同时，随着交通量的增加，城市道路系统开始分层设置，向空中、地下发展，加速形成了高层、高架、高密度的现代景观空间。

（三）系统结构性

景观空间具有很强的系统性、方向性和延续性，由点、线、面构成整体景观空间结构体系。点是布置在城市特殊地段、具有指向和标识意义的主要景观节点，包括城市标志、广场、公园绿地等，往往是人们认知景观空间的起点和终点；线是以铁路、道路、商业街、江河等为骨架，形成环城、沿路、沿河的景观带，是连接景观节点的纽带，也是空间景观的认知过程；面是以城市功能结构分区为基础的景观分区，包括历史性景观区、功能性景观区、发展性景观区等。

三、空间的限定

空间形成的关键因素是一定的空间围护体的确立。不同形态的空间界面可以限定出不同的空间，使人产生不同的心理感受和空间感受。所谓空间的限定是指利用空间界定元素或人的心理因素限制视线的观察方向或行动范围所产生的空间。

（一）容纳物对景观空间的限定

根据容纳物的不同，可以运用地形、建筑、植物以及三者的结合来对空间进行限定。

1. 运用地形限定空间

空间的范围大小和所产生的气氛受地形影响。起伏平缓的地形缺乏视觉限制，给人一种一览无余的轻松感。斜坡、崎岖的地形能限制和封闭空间，给人一种兴奋和恣纵的感觉。凸地形具有视野的外向性，其空间与外界紧密相连，具有连续、开阔的感觉；凹地形具有内向性，其空间不受外界干扰，具有分割、封闭和私密感。欧洲人喜爱采用的下沉式庭院具有和墙壁一样的封闭效果。

根据地形可以用许多不同的方式创造和限制空间，如在原有地形的基础上添土造型、挖方降低平面、增加凸面地形的高度、改变海拔高度构筑成平台或改变水平面等。在以地形为主的空间构成中，空间的底面范围、封闭斜坡的坡度、地平轮廓线三个因素在空间感和封闭空间的构筑中同时起着关键的作用。一般人的视线在水平视线的上夹角40°~60°到水平视线的下夹角20°的范围内。当三个可变因素的比例达到或超过45°（长和高为1∶1）时，视域达到完全封闭；而当三个可变因素的比例少于18°时，封闭感便消失。因此，可以利用底面积、坡度和天际线的不同结合来限制或创造各种空间。例如从流动的线形谷地到静止的盆地空间，可以塑造出具有不同特性的空间。一般，以构成空间或完成其他功能，如地表排水、导流等为目的的空间构成中，地表层绝不能形成大于1∶2或2∶1的斜坡。

利用地形来限定空间一般多用于中型、大型景观规划中，因其影响深、投资多、工程量大，故经常在使其满足使用功能、观景要求的基础上，以利用原有地形为主、改造为辅，根据不同的需要设计不同的地形。如：群众文体活动场地需要平地，拟利用地形作看台时，就要求有一定大小的平地和外面围以适当的坡地。在打造安静游览的地段和分隔空间时，常需要山岭坡地。景观中的地形有陆地和水体之分，二者须有机结合，山间有水，水畔有山，使空间更加丰富多变。这种山、水结合的形式，在景观设计中广为利用。就低挖池，就高堆山，掇山置石，叠洞凿壁，除了增加景观外，重要的是可以限制和丰富空间。

2. 运用建筑限定空间

以建筑来限定空间是景观设计中最直接有效的方法，可形成封闭、半开敞、开敞、垂直、覆盖空间等不同的空间形式。在以建筑为主的景观空间中，利用墙体的围合，亭、廊、各种架的使用等可形成各种景观空间。但以建筑为界面限定出的空间容易使景观产生过于人工化的感觉（图5-1）。

3. 运用植物限定空间

在景观设计中，植物除具有观赏功能外，还有更重要的限定空间的功能。植物可以从地平面、垂直面以及顶平面等各个面上对空间进行限定。在地平面上，各种草坪、地被植物、矮灌木等可以暗示空间边界。一块草坪、一片地被植物虽不具视线屏障，但也暗示空间范围的不同。在垂直面上，可以通过树干、较密的枝叶来影响空间的闭合感。在顶平面上，树冠高大茂密的植物限制着伸向天空的视线，来进一步划分空间。

一般情况下，树木的间距应为3~6米，如果间距超过9米便会失去视觉效应。因此，在运用植物构成空间时，要先明确目的和空间性质，如开阔、封闭、隐秘、雄伟等，再选取、组织设计相应植物。以植物为主构成的空间类型包括开敞空间、半开敞空间、完全封闭空间、覆盖空间、垂直空间等。

（1）开敞空间：通常利用地被植物或低矮的灌木作为空间界定因素，形成四周开敞，流动、开放、外向无私密性的空间。

（2）半开敞空间：通常以开敞空间为基础，在其一侧利用较高的植物形成单向的封闭。半开敞空间具有开敞程度小，单方向性的特点，通常适用于居民住宅环境中，一面需隐秘性，而另一面需有一定的开阔空间，大型水体旁边也经常会用到。

（3）围合空间：指四周均被诸如低矮的灌木等中小型植物所封闭，无方向性，具有相对隔离性和极强的隐秘性。

（4）覆盖空间：指利用高大树木的树冠形成顶面覆盖、四周空透的空间。覆盖空

图5-1 运用建筑限定空间

间能利用其覆盖的高度形成垂直尺度的强烈感觉。

（5）垂直空间：指运用高而细的植物构成一个方向直立、朝天开敞的空间。一般利用锥形植物，植物越高则空间越大，树冠越小，形成垂直和向上的空间态势。

以植物材料作为限定空间的因素（图5-2），可制造出各具特色的空间，还能用植物结合各种空间形成相互联系的空间序列，选择性地引导和阻止空间序列的视线，能有效地“缩小”空间和“扩大”空间，创造出丰富多彩的空间序列。

4. 运用地形、建筑、植物来共同限定空间

在景观设计中，常常运用地形、建筑、植物共同限定空间。植物和地形结合，可强调或消除由于地形的变化所形成的空间。建筑与植物相互配合，更能丰富和改变空间感，形成多变的空间轮廓。三者共同配合，既可软化建筑的硬直轮廓，又能提供更丰富的视域空间，园林中的山顶建亭、阁，山脚建廊、榭等，就是三者很好的结合，如北京的颐和园、北海公园等就是运用地形、建筑、植物共同限定空间的典型例证。

（二）通透物对景观空间的限定

根据限定物的通透程度，空间的限定又可分为实体限定和虚体限定两类。

1. 利用实体限定空间

实体围合是界定、组成空间的基本方法。用实体，如墙等围合的场所具有确定的空间感和内外的方位感（图5-3）。其在空间组织上的重要功能就是保证内部空间的私密性和完整性。

2. 利用虚体限定空间

这里所说的虚体是指视线可以穿透的空间限定体。如镂空的墙，及各种形态的柱、帘或绿化等。利用虚体限定空间，可使空间既有分隔又有联系，由于空间界面在一定程度上并不完整，视线并未受到完全的阻隔，空间便显得灵活而有情趣。例如一个大空间，如果不加以分割，就不会有层次变化，但完全分割就会显得呆板，也不会有空间渗透，只有在分割之后又使之有适当的联通，才能使人的视线从一个空间穿透至另一个空间，从而使两个空间相互渗透，这样才能充分发挥大空间的优势，显示出空间的层次变化及流动性。利用这一原理，通过不同的虚体元素对空间加以限定和分隔，可以创造出丰富的空间层次变化。

镂空实际上就是透过特意设置的门洞或窗口去看某一景物，从而使景物好像一幅图画嵌于框中，由于是隔着一重层次去看，更显得含蓄而深远。利用镂空墙体限定空间是中国古代景观设计中普遍使用的方式，并创造出了丰富的空间层次变化。

在相互毗邻的两个空间的分隔墙面上连续设置一系列窗口，这种秩序化的虚体隔断将会对人的运动视觉产生更加有趣的影响。例如，从狮子林立雪堂前院复廊看修竹阁一带的景物，廊的西面侧墙上一连开了六个六角形的窗洞，通过这些窗洞摄取外部空间的图像，随着视点的移动时隔时透，忽隐忽现，各窗景之间既保持一定的连续性又依次有所变化，步移景异的感觉分外强烈。利用这种分隔，不但可使相邻两空间保持良好的相对独

图5-2 运用植物限定空间

图5-3 利用实体限定空间

立性，同时也可使界定体两侧的空间能够利用其邻界空间的优势弥补自身不足。

在界定和划分空间的设计中，如果在某一方向上设置多重虚隔断，还可增加整个空间的距离感。某一对象，直接地看和隔着一重层次去看其距离感是不同的，倘若透过多重层次去看，尽管实际距离不变，但给人感觉上的距离似乎要远得多。苏州留园的东部景区借粉墙把空间分割成若干小院，并在墙上开了许多门洞窗口，人们的视线可以穿过一重又一重的门洞、窗口而自一个空间看到一连串的空间，从而使若干空间相互渗透，于是便产生了极其深远乃至不可穷尽的感觉。江南园林在很大程度上就是采用镂空这种虚分隔的手法，在空间上产生渗透的效果，使相对狭小的空间显得无限深远。其他如石林小院一带，空间院落极小，建筑又十分密集，但由于若干界定体相互通透及错动，空间层次变化异常丰富，从而使人有深邃曲折和不可穷尽之感。

柱体作为线性因素参与空间的构成，可以柔化过渡空间。威尼斯圣马可广场矗立于岸边的两个花岗岩石柱的运用就是利用虚体限定空间的典范。两个石柱在相对狭小的广场与宽阔的海面之间形成了柔和而富有层次的过渡。石柱的存在大大收缩了广场的外部空间，不会因两侧建筑立面的突然消失而使空间层次发生骤然转换，其作用在于对视线的限定和空间的界定。当视线从柱子之间穿过时，由于柱子与人的距离较近，视线在穿过柱子后仍能形成一个宽阔的视域，感受到海洋与天空的广阔，与庇阿塞塔小广场空间形成强烈对比，彼此相得益彰。

山石、树木等自然形态的东西也可作为虚体隔断，起到划分界定空间的作用。对于大型空间来讲，为避免空旷、单调和一览无余，同时又保证空间的完整性，通常可采用这种形式把单一的大空间分割成若干较小空间。借山石、树木限定空间与利用墙垣等人工构造分割空间，其目的虽然一样，但效果却不尽相同。山石、树木无定型，虽由人作，但毕竟属于自然形态，凡用它们限定的空间，通常可使被分割的空间相互连绵、延伸、渗透，从而找不出一条明确的分界线，二者相比虽各有特点，但用前者限定空间更能不着痕迹，并且会因自然形态的参与增强空间的亲切感（图5-4）。

图5-4　利用虚体限定空间

四、多个空间的组织

多个空间的组织应以空间的转折、分隔与联系、对比、序列等关系为主来进行考虑。

空间的转折有急转与缓转之分。在规则式景观空间的设计中，可采取急转的方式，如在主轴与副轴转折处，由一个方向转向另一个方向，由大空间转成小空间的情况下，常常采用急转。在自然式景观空间的设计中，宜用缓转，通过诸如空廊、花架、架空层之类的过渡空间的设置，可以缓和两个空间之间的硬性过渡。空间的分隔有虚隔和实隔之分。两个空间之间的干扰不大可采用虚隔，如用空廊、漏窗、疏林、水面等进行分隔。两个空间之间的功能不同、风格不同、动静要求不同应采用实隔，如用实墙、建筑山阜、密林等处理。虚隔是缓转处理，实隔是急转处理。通过对空间分隔与联系的处理可以使空间之间相互渗透，具有层次感和流动性，获得丰富的景观空间。空间的对比是丰富不同空间之间的关系，形成空间变化的重要手段。两个存在显著差异的空间布置在一起时，通过形状、大小、明暗、动静、虚实等特征的对比，每个空间的特征更加突出。空间序列是关系到景观的整体结构和布局的因素。将一系列的空间组织在一起时，应考虑空间的整体序列关系，安排恰当的路线，将不同的空间连接起来，通过空间的对比、渗透、引导、创造富有性格的空间序列。在组织空间、安排序列时应注意空间的起承转合，使空间的组织具有一个完整的构思，产生步移景异的效果，打破单调感，创造一定的艺术感染力（图5-5）。

图5-5 多个空间的组织

五、空间中心化

空间是一种被限定的三维环境，是一个内空体，它是一个可以被感知的场所。人们在空间的不断转换与自然的不断接触、碰撞中，渐渐感悟到这是一种特有的审美观。在景观空间构成中，任何活动都必定会围绕一个中心进行，多种活动就会有多个围绕中心。空间中心化，可以强调空间所处的地域性和方向性，并可以提供中心化空间设计构成的安全感。空间中心化实际上是指景观构成中与人的活动相适应，从无中心向有中心发展，从多中心向单一中心汇集的转换过程。景观构成需要空间中心化，可以说它是艺术处理的“章法”之一。由于人与空间环境建立了一定的因果关系，空间环境也就因此变成了一个“属于人的环境”。在景观设计中，中心化、多层次的空间处理比层次少的空间中心化更具有突出的“地位感”。人们能自由地漫游在各个景观空间里，欣赏景观构成中的音乐喷泉、雕塑、壁画、植物，进而转入内部去体会空间的无限魅力。此时人与景因共同语言而融为一体，由一种物质形态升华为另一种精神境界，而这些也正是景观构成艺术所要表达的最高境界和艺术魅力。景观设计空间其实是连接过去与未来的纽带。景观构成中或多或少会有一些特有的符号和排列方式，巧妙地注入这种元素符号，可以加强环境景观的历史连续感和乡土气息，增强景观构成空间的感染力。以亚洲最大的喷泉广场“西安大雁塔北广场”为例（图5-6）。这座唐文化广场，在夜晚灯光的映照下

图5-6 西安大雁塔北广场

如同城市的会客厅、大戏台，它以著名的古建筑大雁塔为主轴，分为若干个空间中心化场所。其中，中央主景水道区为广场中轴线，左右两侧分别设置雕塑园林区、唐风商业建筑步行街区，以及南北分置的大唐列柱、万佛灯塔区、丝路风情浮雕区等。这些区域之所以能够产生空间中心化感觉，首先是有了人在其间的休闲参与活动，为公共空间增添了精神内涵；其次是有了灯光园林区、建筑景区等作衬托，使这些小空间显示出了前所未有的活力。在小的中心化区域景观构成中，当只有灯光与人时就形成了环境的中心，围绕这一中心的边界就变为模糊的，而在它旁边增加一个园林，由于灯光的照射所产生的投影边界就会使这个场所的边界勾画得更大一些，中心空间也因为增加了园林而被强化。而广场主景高科技现代音乐落幕喷泉显然又是一个更大的主题中心空间，再加入人的围合，中心化的空间视觉感就非常强烈。

第二节　景观色彩

色彩是景观设计中最重要的设计要素之一，也是景观设计中最容易创造气氛和情感的手段之一。在景观设计中，色彩的运用可以加强景观造型的表现力与统一性，丰富景观空间的效果，在一定程度上体现了城市景观的整体风格。

一、色彩的基本概念与属性

色彩可分为无彩色与有彩色两大类。凡是黑、白及各种深浅不一的灰都属于无彩色，无彩色只有明度变化。任何有彩色都具有色相、明度和纯度三种属性。

（一）色相

色相是指一种色彩区别于另一种色彩的相貌特征，简单讲就是各种色彩的名称，如红、黄、蓝等。红、橙、黄、绿、蓝、紫为六种基本色相。在每两个基本色相中间各插入一个中间色，就形成了十二色相，按照光谱的顺序依次排列为红、红橙、橙、橙黄、黄、黄绿、绿、蓝绿、蓝、蓝紫、紫、紫红。这十二色相的变化在光谱色感上是均匀的。如果进一步插入中间色就可以得到二十四色相，以此类推可以得到更多的色相。人眼可以识别的色相达160种左右。

（二）明度

明度是指色彩的明暗程度。无彩色只有明度属性，最亮是白，最暗是黑，黑白之间不同程度的灰色体现了明暗程度的变化。向有彩色中加减不同程度的灰色就形成了有彩色的明暗关系。

（三）纯度

纯度是指色彩的纯净程度。纯度用高低来描述，纯度越高，色越纯、越艳；纯度越低，色越涩、越浊。

二、色彩与心理

色彩具有精神价值。色彩总会在不同程度上对人的心理产生一定的影响，这些影响总是在不知不觉中发生作用，影响人们的情绪。

（一）色彩的物理性心理错觉

1. 冷暖感

心理学家做过多次试验后发现，在红色环境中，人的脉搏会加快，情绪易兴奋冲动。而在蓝色环境中，人的脉搏会减缓，情绪比较平静（图5-7）。因此，人们将色彩分为暖色与冷色。波长较长的颜色如红、橙、黄等容易使人感到温暖、兴奋，被称为暖色；波长较

图5-7　统一的蓝色调给人一种柔和神秘的感觉

短的颜色，特别是蓝色系列，如蓝、蓝绿、蓝紫等能使人沉静下来，给人以寒冷的感觉，被称为冷色。冷暖色调在设计中的应用十分广泛。例如，在餐饮业一般采取暖色系，能够引起人的食欲，给人温馨舒适的感觉。在舞厅、游乐场等也一般采取暖色调。而在一些车间、厂房及科研单位采用冷色和中性色较多，一般不宜采用暖色系。

2. 轻重感

一般来讲，高明度的色彩使人感觉轻盈飘逸，低明度的色彩使人感觉沉重，即浅色偏轻，深色偏重。其中，白色最轻，黑色最重。色彩的轻重感在景观建筑中的影响较大，一般建筑的基础部分采用重量感强的暗色，而上部采用重量感较轻的色彩，这样可以给人一种稳定感。在室内景观的处理上也是如此，自下而上大多是由深到浅，如房间的顶棚及墙面采用白色及浅色，墙裙使用白色及浅色，踢脚线使用深色，就会给人一种上轻下重的稳定感，反之，上深下浅会给人一种头重脚轻的压抑感。

3. 软硬感

一般高明度、低纯度的有彩色及黑白两色具有软感，高纯度、低明度的有彩色具有硬感；弱对比色调具有软感，强对比色调具有硬感。在景观设计中，居室设计多用软色，公共场所多用硬色。

（二）色彩表情与联想

色彩容易引起人们思想感情的变化，受各方面因素的影响，人们对不同的色彩有不同的思想感情。色彩表情是一个复杂、微妙的问题，对不同的国家、不同的民族、不同的条件和时间，同一色相可以产生许多不同的表情。

1. 红色表情

红色，是暖色系的代表色，它积极奋进，热情四溢，最容易使人产生热烈、兴奋的感觉。红色炽热、跳跃，充满不可抗拒的力量。在我国，红色是积极的、热烈的和吉祥的颜色。因此，红色常用在婚礼、节日和某些仪式等喜庆氛围的场合。在欧洲，红色象征权利，因为红色具有庄严、安定的特征。红色还具有革命的含义，因此，红色象征勇敢、力量、前进、胜利、光明、希望、鼓舞、号召和光荣等。由红色联想到血，红色又具有血腥、搏斗、生与死等英雄式的悲剧气氛，有时红色还会给人恐惧感。由于红色光与其余各色光相比其波长最长、传得最远，因此，它被用作表示警戒、警惕、危险和停止前进等信息的符号或讯号。

匹配后的红色表情：红色与其他色彩并置时所产生的异样寓意，如：深红色底+红色=热度渐衰；黄色底+红色=热情、积极、主动；橙色底+红色=忧郁、黯淡；绿色底+红色=冒失、粗鲁、激烈、狂妄；绿蓝色底+红色=热望、冲动；黑色底+红色=迸发的热情。

调混后的红色表情：红色+蓝色=紫色（有难堪的意蕴）；红色+黄色=橙红色（力量、决心、快乐）；红色+白色=粉色（肉色、娇柔、梦幻）。当正红色掺黑暗化为深红色序时，不同明度的深红色释义内涵为：高贵、端庄、安详、宽容、沉稳、忠厚、诚实、苦涩、烦恼、悲伤、枯萎等。

2. 橙色表情

橙色，兼有红色与黄色两种色相的成分，是暖色中最温暖的成分，因含有黄色的成分，所以有辉煌、灿烂的感觉。橙色与黄色并置时，极为和谐，产生富丽堂皇之感。我国古代皇宫及寺院常将橙色与黄色并用，古代贵族妇女也常用此色作为服装颜色，都是取其富丽感，以示高贵和尊严。现代的宴会厅、贵宾厅也常采用此色来烘托一种豪华富丽之氛围。秋天的颜色多为橙色，因此，橙色又象征丰收、富有、喜悦等。同时也表示成熟之意，具有秋季收获的联想，但在巴西则被诠释为没落、凶丧的颜色而受冷落。

橙色的华丽与活力内涵使现代西方人抵挡不住它的魅力，成为现代西方人“最能使眼睛得到温暖和快乐的情感之色”（康定斯基）、“对情感具有无比的影响力”（歌德）；在印度，代表信赖、责任与权力。

匹配后的橙色：

浅黄底+橙色=鲜见的成熟与厚重的仪态；蓝色底+橙色=响亮、迷人、快乐；草绿底+橙色=柔情；土红底+橙色=夕阳辉煌之意。紫色底+橙色=晨曦中喷薄而出的旭日，是光明与希望之意；灰色底+橙色=荧光效果、无与伦比。

调混后的橙色表情：

橙色兑白色，淡化为浅橙色色序时，其类色富于细腻、温和、香甜、祥和、温暖等情调。

橙色兑黑色，暗化为深色色序时，显示缄默、安定、拘谨、腐朽、悲伤等。

橙色兑灰色，为灰橙色色序时，显示优雅、含蓄、自然、质朴、柔和等格调。橙色兑灰色，如灰色过量，则会有消沉、失意、衰败、没落、昏庸等意味。

3. 黄色表情

黄色基本色相中明度最高的色彩，给人以明亮、活泼、轻快的感觉。因太阳光、金子是黄色的，所以黄色象征着光明、希望、财富。在我国历史上，黄色是帝王的色彩，象征至高无上的权力。沙漠是黄色的，所以黄色又有荒凉、寂寞、干枯和孤独之感。黄色的嫩芽则令人有幼弱之感；黄色在黑色或紫色背景下分外明亮，但在白色背景下，明度很弱，几乎被吞没。

在我国传统文化中，黄色始终如一被尊奉为高贵神圣的正色。“阴阳五色说”中黄色位居中央，象征宇宙万物之色由此派生。“天地玄黄”即为印证。华夏轩辕帝被尊誉为“黄帝”。

匹配后的黄色表情：

红色底+黄色=欣喜、欢庆之意；橙色底+黄色=稚气、轻浮、缺乏诚意；红紫色底+黄色=病态、倦容；蓝色底+黄色=太阳、温暖、辉煌；黄绿色底+黄色=荧光、闪亮；紫色底+黄色=强刺激（色相、明度、对比）；白色底+黄色=平淡、无为；黑色底+黄色=强劲、锐力；灰色底+黄色=平静、理智、洗练。

调混后的黄色表情：

黄色掺绿或蓝色呈现绿味黄色色序时，就像绿色植物的复苏；黄色掺紫或黑、灰色而生成新色序时，则会丧失黄色的品格，而表露卑鄙、妒忌、怀疑、背叛、失信的阴暗心迹；黄色加白色淡化为浅黄色色序时，则显得文静、轻快、安详、洁净、香脆、幼稚、虚伪等，该类色还具有集中注意力的功效，浅黄色纸已成为有些国家书籍、报刊的应用纸张。

4. 绿色表情

绿色是生命的颜色，象征新鲜、生机、少壮、健康、青春及和平。在光谱中，绿色的明度处于中性位置，而且色性介于冷暖色之间，加之它能减轻视觉疲劳，对于视觉的刺激极弱，且对神经系统有良好的刺激，可抑压消极情绪，让人心情平稳，给人以舒适感。所以，绿色的性格是柔顺温和的。歌德这样说过：绿色给人以“一种真正的满足”，它使眼睛和心灵“在这一调和色上得到……休息”。同样，康定斯基在绿色中看到“完全的平静和安定不动，没有相当于诸如快乐、悲伤和热情那样的感染力，它们什么也不要求”。所以，绿色又给人以宁静之感。绿色是医疗、教育空间的常用色。

匹配后的绿色表情：红色底+绿色=生机、静谧；蓝色底+绿色=海洋、平淡、缺乏激情；紫色底+绿色=悠闲、高雅；白色底+绿色=自信；黑色底+绿色=神秘、光辉、富于生气；灰色底+绿色=青翠欲滴、活力充沛。

调混后的绿色表情：绿色加蓝色成蓝绿色色序时，令人联想到年轻、纯洁、永恒、权力、端庄、珍贵、深远、酸涩、色情等语义。绿色加黄色而昭示出黄绿色色序时，是最典型的早春时节的颜色，富于新生、纯真、无邪、活力、无知的色彩语汇；绿色加白色淡化成浅绿色色序时，它表露出宁静、清淡、凉爽、舒畅、飘逸、轻盈的切身感受，显得清爽宜人。绿色加黑色暗化为深绿色色序时，是苍翠茂盛的大森林的颜色，能触发富饶、兴旺、幽深、古朴、沉默、隐蔽、安全、忧愁、刻苦、自私等精神意念，是国际上普遍采用的陆军着装及装备的专有色。绿色混灰色柔化为含灰色色序时，诸如银松、石板等色，富有古典、优雅、朴素、精巧、迷惑、庸俗、腐朽等思想观念。

5. 蓝色表情

蓝色使人联想到天空和大海，因而，蓝色具有博大、空旷、深沉和幽远的意味。在我国人民的传统心理上，对于蓝色有特别的喜爱。明、清时期的“青瓷”“青花瓷”和近代的蓝花布都采用单纯的蓝色为色彩，显得十分朴素、大方、纯净、高雅。蓝色是理智与智慧的象征，因此广泛应用于科技领域。在欧洲人眼里，蓝色多半是消极的色彩。在英语中“blue”一词，既有蓝色之意，又有忧郁的含义。

匹配后的蓝色表情：淡紫色底上的蓝色呈现出空虚、退缩和无所适从；红橙色底上的蓝色=鲜亮迷人、风韵犹存；黄色底上的蓝色=沉着自信、惟我独尊；绿色底上的蓝色=暧昧消极、无所建树；褐色底上的蓝色=颤动、激昂、生机；白色底+蓝色=清晰、质朴、有力；黑色底+蓝色=亮丽矜持。

调混后的蓝色表情：蓝色兑白淡化成浅蓝色序时，积蕴着轻盈、清澈、洁净、透明、纯正、卫生、清爽、缥缈等的精神向度；蓝色掺黑色暗化为深蓝色序时，暗示出朴素、稳重、深远、智慧、老练、严谨、孤独、静谧、不朽的语汇意境。

6. 紫色表情

紫色具有冷、暖双重的矛盾性格，红色略带蓝色或蓝色略带红色都会呈现紫色，偏红时显暖意，偏蓝时显冷意。紫色给人以高贵、优雅、神秘的感觉。有时具有不稳定、阴暗、悲哀、压抑等意味。室外景观设计中不常用紫色。

匹配后的紫色表情：黄色底+紫色，是激情内敛的颜色典范；浅蓝底+紫色=伤感、绝望；黑色底上的紫色=鲜艳、光彩；白色底+紫色=古典、新潮兼容并蓄。

调混后的紫色表情：紫色接近红色呈红紫色色序时，形成大胆量、开放、娇艳、温暖、甜美等的心理定势，所以在西方这种颜色常与色情、颓废等词相提并论；紫色掺白淡化成浅紫色色序时，显示出优美、浪漫、梦幻、妩媚、羞涩、清秀、含蓄等婉约韵致；紫色混黑色暗化为深紫色色序时，渗透着珍贵、成熟、神秘、深刻、忧郁、悲哀、自私、痛苦等抽象寓意；紫色加灰色柔化为含灰紫色色序时，则表示雅致、含蓄、忏悔、无为、腐朽、病态、消极、堕落等精神状态。

7. 白色表情

白色是光谱中全部色彩的总和，是万色之源，象征纯洁、神圣、清白、朴素、光明、洁净、坦率、正直、无私、空虚、缥缈、臣服等。西方人在举行庄重的婚礼庆典时，新娘的传统婚服均为白色，象征着新娘冰清玉洁的品质。在我国，白色被作为哀悼逝者的传统殡葬用色。非洲土著居民在身体上涂绘白色纹样为美与荣耀。白色属于能够满足视觉生理平衡要求的舒适的中性颜色，具有响亮、清爽的特性，具有最大的色彩清晰度及感染力。

调混后的白色表情：白色中适当掺加微量鲜艳颜色时，由此产生一系列被淡化了的粉彩色系列，有柔和、轻盈、浪漫、新鲜、朦胧、诗意、空气、阳光等超然气质。当红色被淡化为粉红色时，这类颜色总是给人以女性味十足的心理触发，如浪漫、妩媚、婉约、温存、甜蜜、健康、梦幻等诗意注释。当橙色被淡化为粉橙色时，可呈现出米色、象牙色、奶油色等，它们富有细腻、温和、香甜、精致、温暖、祥和等令人舒心惬意的色彩情感，当黄色加白淡化成粉黄色时，如米黄、鹅黄等，则显得文静、轻快、洁净、幼稚、香脆。粉蓝色使人联想到晴空万里的天空或冰天雪地的雪山之色，它传递着轻盈、洁净、透明、清澈、纯正等含义。而粉紫色，尤其是丁香花色则是少女花季时节的代表色，它象征着优美、浪漫、梦幻、羞涩、含蓄、迷惘、忧郁等。粉彩色既可以是朝气蓬勃而带有稚气的，也可以是轻柔浪漫而别致的，它总能使人想起洁净与透明、轻巧与朴素的事物，给人们无尽的意象体悟。

8. 黑色表情

黑色即无光时的一种色彩感觉，黑色多呈现出力量、严肃、永恒、毅力、谦逊、刚正、充实、忠义、神秘、高贵、意志、保守、哀悼、黑暗、罪恶、恐惧等语境意味。

9. 正灰色表情

正灰色是黑与白对等的中和色，也被称为“高级灰”，类似于北京老城墙的颜色。作为一种典型化的中性颜色，正灰色是人类精神世界中一个独具异彩的符号载体，是谦逊、沉稳、含蓄、优雅、平凡、中庸、暧昧、消极、灰心的象征。

三、景观色彩的组成

色彩是物质属性之一，研究景观色彩设计，必须要先明白景观色彩的物质载体有哪些。从色彩的物质载体性质的角度来说，组成景观的色彩可分为三类：自然色、半自然色和人工色。

（一）自然色

自然色是指自然物质所表现出来的色彩，如天空、水体、植物等的色彩。

自然色来自自然界，绝大部分属于非恒定的色彩因素，会随时间和气候的变化而变化，是不可控制的。如天空的色彩在早晚和阴晴天的时候是不同的，花草树木在一年四季中的色彩也存在天壤之别。在景观色彩的设计中，可以通过设计自然色在空间中的面积和位置，并与其他色彩因素搭配组合以达到理想的色彩效果。如我们可以通过合理的安排水体的位置、面积、形状，和其他的色彩元素进行组合，得到理想的色彩构图。

（二）半自然色

半自然色是指经过加工但不改变自然物质性质的色彩，如经过加工的各种石材、木材和金属的色彩。

半自然色虽然经过加工，但仍具有自然色的表观特征，在配色上很容易与自然色取得协调。自然界中，天然物质的色彩大多是由多种色相、明度和纯度的颜色组成，表现了丰富的层次感。而各种天然物质的组合基本上达到了全色相的要求，给人一种视觉上的平衡与美感。从色彩生理学的角度分析，自然色和半自然色更容易使人眼感觉舒适。

（三）人工色

人工色是指通过各种人工技术手段创造出来的色彩，如各种材料和色彩的瓷砖、玻璃，各种色彩的涂料。

人工色往往比较单一，缺乏自然色和半自然色那种丰富的全色相组成，在使用中需要慎重。但人工色可以调配出各种色相、亮度和纯度，可以用于建筑、小品和铺装，色彩的选择比较多样。

四、色彩在景观设计中的应用

（一）建筑景观的色彩

由于建筑都是人造的，所以其色彩可以人为控制，建筑景观的色彩选择一般应注意以下几点。

（1）结合气候条件设置色彩，我国南方地区一般以冷色调为主，北方地区以暖色调为主。

相对于自然景观色彩即植物、天空、水面等的色彩，建筑外墙、小品、铺装等元素的色彩在不同的园林景观中所占的比重一般不一样，如在公园中要小一些，但在一些不以绿化为主的广场中要大一些。尽管在有些园林景观中所占比重较小，但由于这些园林要素和人们的生产、生活、游憩等活动关系密切，往往是游人在园林景观中活动最频繁的场所，所以，在考虑设计、组织色彩时，这些园林景观要素的色彩起着重要的作用，而这些园林景观要素的色彩主要是由半自然色和人工色构成的。

（2）考虑群众爱好与民族特点，例如南方有些地区的人们喜欢白色，而北方地区大多数人喜欢比较暖的色彩。例如，紫禁城的色彩整体多用红、黄系列的暖色调。

（3）建筑景观的色彩与周围环境的关系要既协调，又有对比。布置在植物附近的建筑应以对比为主，布置在水边和其他建筑旁边的建筑应以协调为主。

（4）与建筑的功能相统一，休息性的建筑以具有宁静感觉的色彩为主，观赏性的建筑以醒目的色彩为主。

（二）绿化景观的色彩

在景观色彩构成中，植物占举足轻重的地位。植物可以将世界装扮得很美，但植物在景观中要发挥其丰富的色彩作用，还必须与周围的环境相统一。绿化景观色彩构图的处理方法有以下几种。

（1）单色处理。以一种色相将植物布置于景观中，必须通过个体的大小、姿态取得对比，例如，绿草地中的孤立树，虽然均为绿色，但在形体上是对比，因此也能取得较好的效果。

（2）多种色相的配合。其特点是植物群落给人一种生动、欢快、活泼的感觉，如在花坛设计中，常用多种颜色的花配在一起。

（3）两种色彩配置在一起，如红与绿。

第三节　景观照明

景观照明是随着社会经济和建设的发展而产生的，是采用照明技术来装饰和强化景观效果的一种行之有效的方法。通过夜晚景观照明可以再塑一个城市的形象，展示其风貌。景观照明是人文与自然景观的有机结合，是景观设计的重要组成部分。

一、景观照明的类型

景观照明是塑造景观夜晚形象的一种重要的方式，在景观设计中占据着举足轻重的地位。按照光源的照射方式，景观照明主要采取的形式有如下三种。

（一）投射照明

投射照明也称泛光照明，是利用投光灯照射物体的表面，再通过物体表面的反射，使物体具有一定亮度的照明方式（图5-8）。通常投射照明是为了使某一对象或情景的亮度大于其周围环境的亮度。投射照明适用于一些大型公共建筑或纪念性建筑等的立面照明及一些珍贵植物照明。例如，对于一些高层建筑的照明，可用投光灯将整座建筑物或建筑物的某些突出部分均匀照亮，使其在黑暗中获得亮丽的效果。

采用投射照明的方式让建筑物立面亮起来，是创造和美化城市夜景的重要方式之一。这种照明方式不仅可以照亮建筑物的立面，还可以创造出比白天更诱人的效果，使其层次分明，强调和突出建筑物的个性。投射照明是亮化建筑物立面的有效方式之一。

在进行投射照明设计时，一般需要考虑以下几个方面。

（1）了解被照物体立面材料对光的反射比，以确定要求的照度；掌握被照物体立面的特点，从不同的角度照射，以产生光色的层次效果和物体在夜间的立体感；突出被照物体立面，使它与周围环境形成明暗对比，充分发挥周围环境的陪衬作用。

图5-8　投射照明

（2）将灯具安装在物体内部，应注意物体的亮度要有一定的变化，避免大面积相同的亮度产生呆板的感觉；灯具安装在物体内部有难度时，可以考虑将灯具安装在临近或对面物体上。

（3）灯具放在被照物体附近的地面上，应防止灯具直接暴露在人的视野范围内，更不能使人看到灯具的发光面，以免形成眩光。一般可采用绿化或其他设施加以遮挡，如隔栅、遮光板等；灯具安装在灯杆或专门的支架杆上，杆的高度应在2米以上，以避免灯光对行人造成影响。

（4）宾馆、住宅、医院病房等建筑在晚上都会有人在工作或休息，最好不采用投射照明方式。

（二）内透光照明

内透光照明是指光源发射的光线经过透光介质向外透射的照明方式（图5-9）。在现代建筑里，许多建筑采用的是玻璃幕墙，由于玻璃吸光和透光，若采用外打光的方式，不仅无法打亮建筑物，还会造成大量的光污染。为克服这类问题，一般采用内透光的照明方式，它是利用在室内安装灯具，透过玻璃向外透光，常见的设计方式有室内灯光反射、光带支架照明、灯光直接向外照明等。内透光照明有如下优点。

（1）内透光的光源设计在造型内部，使灯光显得更柔和，能够最大限度地控制眩光的影响，营造更多的景观变化。

（2）内透光照明容易控制光的照度，实现均匀的面光照明，能够最大限度减少对一个地区环境及天空的光污染。

（3）内透光照明的管理维护更加安全、方便。

（4）内透光照明保证了建筑外观的整齐统一。

内透光照明方式就是利用室内光线向外透射形成夜景照明的效果。做法有两种：一是不专门安装内透光设备，而是利用室内现有照明灯光，在晚上不关灯，让光线向外

图5-9 内透光照明

照射。国际上许多城市的高大建筑，都采用这种方式。二是在室内靠墙或需要重点表现其夜景的部位，专门设置内透光照明设施，形成透光发光面和发光体来表现建筑物的夜景。这种方式运行成本较低，国内的内透光夜景照明基本采用这种方式。内透光照明的最大特点是照明效果独特，节省费用，维修简便。晚上室内光线向外照射，大量的窗户形成明亮的发光面来装点建筑夜景，景观独特，富有生气。

（三）轮廓照明

轮廓照明是以黑暗夜空为背景，利用沿景观周边布置的灯，将景观的轮廓勾画出来。对于高大景观的轮廓照明主要是对其外部轮廓进行勾勒，而对景观立面则基本上没有进行照明。对于小型景观的轮廓照明，需要考虑轮廓灯的勾勒部位、数量、图案构成等。由于小型景观的尺寸小，外轮廓线比较短，转折较多，较适合于轮廓照明（图5-10）。

图5-10　轮廓照明

二、常用的灯具类型

1. 投光器

可以将光线由一个方向投射到需要照明的物体上，如建筑、雕塑、树木等。投射光源可用一般的LED灯带，以使行人免受直射光线的影响，应在光源上加装挡板或百叶板，并将灯具隐蔽起来。使用一组小型投光器，并通过精确的调整，使之形成柔和、均匀的背景光线，可勾勒出景物的外形轮廓，形成轮廓投光灯。

2. 杆头式照明器

将光源放在高杆上抬升至一定高度，可使照射范围扩大，以照全广场、路面或草坪。由于光源距地较远，使光线呈现出静谧、柔和的气氛，如路灯、庭院灯、特色灯等。光源常用高压汞灯、钠灯、LED灯。

3. 低照明器

将光源高度设置在视平线以下，光源用磨砂或乳白玻璃罩护，或者为免产生眩光而将上部完全遮挡。低照明器主要用于园路两旁或假山岩洞等处，能渲染出特殊的灯光效果。

4. 埋地灯

常埋置于地面以下，外壳由金属构成，内用反射型灯泡，上面装隔热玻璃。埋地灯主要用于广场地面，为创造一些特殊的效果，也被用于建筑、小品、植物的照明。

5. 水下照明彩灯

主要由金属外壳、转臂、立柱以及橡胶密封圈、耐热彩色玻璃、封闭反射型灯泡、水下电缆等组成，可安装于水下30～1000毫米处，是水景照明和彩色喷泉的重要组成部分。

三、平均照度计算与设计

通常，建筑主立面及主要部位照度应高一些或照射范围大一些，而非主立面或次要部位，照度应低一些或照射范围小一些，以达到主次分明、主题突出的目的。在设计中要考虑大气损失因素。因为在空气中，水汽和灰尘将直接影响光的照度，大气损失的大小与时间、地点、季节有很大关系，同时还与建筑物的高低、光源的远近有一定的关系。比如要照射一座高为30米左右的建筑物，在晴朗的夜晚，它的照度损失一般可达20%～30%，设计中建筑物泛光照明的平均照度按规定在20～600勒克斯（lx）范围内，大小取决于周围的照明条件和建筑材料的反射能力。

平均照度公式为：

$$E=\frac{N\cdot\phi\cdot U\cdot K}{A}$$

式中 E——平均照度（勒克斯lx设计选定）

N——灯具数量

ϕ——光源光通量，（流明1m可查）

U——利用系数，按经验选取

K——维护系数，一般选用0.65

A——被照面积

在平均照度确定的情况下，由此公式来计算灯具数量，即

$$N=\frac{E\cdot A}{\phi\cdot U\cdot K}$$

第四节 景观材料

不同的材料有其自身的特点及美学特征，主要体现在材料的性能、结构、色彩和

质地上。材料有亚光材料和高光材料之分。亚光材料能体现材料自身的固有色，高光材料反光强，反射周围的环境色，固有色体现得不明显。根据形成的原因，材料可分为天然材料和人造材料；从化学的角度讲，材料可分为有机材料和无机材料。

一、传统材料的继承与发展

传统材料，是指景观设计中一直大量使用的材料，如植物、水、土、石材等。传统材料依然是现代景观设计中的主要材料，在现代景观设计中依然焕发着旺盛的生命力，应用的领域越来越广泛。

植物是绿化景观设计中最主要的物质构成材料，它为绿化景观设计提供了固态的物质形态和开放的景观空间形态。

水是水景设计中最主要的物质构成材料，它为水景设计提供了固态的物质形态和“虚空”的意象特征。

石材在景观设计中的应用也相当广泛，有着悠久的历史。石材主要用于掇山、置石、雕塑以及各种景观建筑的营造上。随着现代工程技术的发展，石材还广泛应用到各种建筑、道路、小品等构筑物的面层装饰上。例如，经过加工处理后的不同色彩和质感的花岗岩板材运用到铺装和花坛的面层装饰上，使整个环境显得整洁、优雅、美观、大方。

二、现代材料的应用

现代材料，是指应用时间不长，人工化程度较大的材料制品。现代材料在景观设计中的应用越来越广泛。

（一）陶瓷制品的应用

陶瓷制品近年来在景观设计中的应用十分广泛，主要有彩釉砖、无釉砖、劈离砖、麻面砖、玻璃花砖、渗花砖、陶瓷锦砖以及琉璃制品等。

麻面砖、劈离砖主要应用于道路广场的铺装中，能产生较好的效果；彩釉砖、无釉砖、玻璃花砖、陶瓷艺术砖、金属光泽釉面砖、黑瓷装饰板、大型陶瓷装饰面板等主要应用于建筑景观、小品、景观墙的立面装饰中；琉璃瓦一直是建筑景观、景观构筑物的优良装饰材料。

另外，运用不同色彩的陶瓷砖在水池底铺成图案，丰富了水池的景观效果。由陶瓷面砖、陶板、锦砖等镶拼制作而成的陶瓷壁画，表面可以做成各种浮雕花纹图案，兼具绘画、书法、雕刻等艺术特色，具有很高的景观表现力。陶瓷透水砖是近年来开发研制出的一种新材料，由其铺设的场地在下雨时能使雨水快速渗透到地下，能够涵养水源，调节空气湿度，净化空气。目前，应用于景观设计中的陶瓷透水砖主要有两种：一种是环保透水砖，其抗压强度小，一般用于公园休闲无重承载场所以及园林游步道等；另一种是高强度陶瓷透水砖，采用了两次高温煅烧，强度高、耐磨、防滑性能好，可用于停车场、人行道、步行街等处。

（二）混凝土的应用

混凝土可塑性好，在景观设计中也被广泛应用，主要有彩色混凝土、压印混凝土等。

彩色混凝土主要运用于装饰路面，能够很好地活跃周围的环境气氛。压印混凝土，又称“强化路艺系统”，是在施工阶段运用彩色强化剂、彩色脱模剂、无色密封剂三种化学原料对未硬化的混凝土进行固色、配色和表面强化处理。其强度优于其他材料的路面，甚至优于一般的混凝土路面。压印混凝土的图案、色彩的可选择性强，可以根据需要压印出各种图案，产生较为完美的视觉效果和耐久性（图5-11）。

此外，还有许多其他的混凝土制品，如混凝土连锁砖、仿毛石砌块等，再加上不同的外形、尺寸、色彩等具有丰富多样性。

（三）金属材料的应用

金属在我国古代社会生产中的应用十分广泛，但在我国古代景观设计中却很少应用。在现代景观设计中，金属材料的运用也越来越广泛，除作为结构材料被广泛运用外，在雕塑景观设计及一些景观小品的设计中运用也十分广泛（图5-12）。

在现代景观设计中，可运用的新材料层出不穷，设计中越来越多地运用一些生态环保型材料。如上面介绍能使雨水快速渗透到地下的陶瓷透水砖、大量运用工业废料制成的压印混凝土等。伴随着社会的进步与发展，景观设计中所选用材料种类的变化和发展也会越来越合理。

因此，我们在现代园林建设中，对材料的选择与运用，既要立足于因地选材的基本原则，也要有与时俱进的精神和眼光。勇于推陈出新，探索和尝试新材料的使用，为我国景观事业的发展贡献一份力量。

三、材料与现代科技的有机融合

随着现代科学技术的发展与进步，越来越多的先进技术被引用到景观设计与建造中，无论在施工工艺还是在创造景观方面，材料与现代科技的有机融合，大大增强了材料的景观表现力，使现代景观更富有生机与活力。

以水景的营造为例，古代园林中的水，大多作为一种独立的景观元素，但随着现代科技的发展与材料的丰富，诸如喷泉、跌水等水景的出现使得水景艺术更加充满生机与活力。现代科技的引入，不但使人们在都市中就能欣赏到“飞流直下三千尺”的景观，而且在水景的表现手法上也是异常丰富，形与色、动与静等水的特性和作用发挥得淋漓尽致，瀑布的种类也是应有尽有。

又如，在公园园路或广场道路的表面上附着有树脂荧光玻璃珠，在夜晚不但有助于行走的安全，还使原本平淡的道路景观增色不少，使公园或广场的夜景更具魅力。

图5-11　压印混凝土路面

图5-12　金属雕塑 文娄

第五节　景观设计的表现形式

景观设计在我国有着悠久的历史，历代劳动人民在长期劳动生产实践中积累了丰富的经验。设计的形成除一部分自然因素外，更多地体现了设计师的设计观念。这种观念的形成也具有一定的社会性。因而景观设计具有一定的规律性，即景观设计所要遵循的基本形式。其主要包括以下几方面。

一、比例与尺度

任何形状的物体，都具有长、宽、高三个方向的度量。比例是指各方向度量之间的关系及物体的局部和整体之间的关系。美与和谐的比例能使人感到愉悦。1：0.618是世界公认的黄金分割比例。比例是相对的，是物体与参照物之间的相对关系，比例的存在至少要有两个物体。尺度是指物体自身的尺寸大小，它是物体本质属性的体现。尺度是绝对的，可以用具体的量具来衡量。尺寸不当也会使物体失真，难以与周围的物体相融合。因此，在进行景观设计时，应该准确把握物体的尺度以及物体之间的比例关系。

二、对比与协调

对比与协调是一对矛盾统一体。将造型诸要素中的某一要素内的显著差异或不同造型要素之间的显著差异组织在一起，更加突出强化其差异性的表现手法称为对比；反之将差异尽量缩小，将对比的各部分有机地组织在一起的表现手法称为协调。如在绿化景观设计中，乔木与灌木在高度上形成对比；红花与黄花在色彩上形成对比。在处理主景与配景的关系时，可采用对比的表现手法来进一步强调主景（图5-13）。

对比手法的运用不宜过多，对比必须恰到好处，否则会引起不愉快的感觉，对比适当便是协调。对比与协调只存在于统一性质的差异中，如体量的大小、线条的曲直、色彩的明暗、材料质感的粗糙与光滑等。协调在设计中运用广泛，易于被接受。但在

图5-13　建筑与植物的对比美

某种环境下一定的对比可以取得更好的视觉效果，实际上也是一种协调。在设计时，要遵循“整体协调，局部对比”的原则，即景观设计的整体布局要协调统一，各个局部要形成一定的过渡和对比。如苏州园林的设计，处处都体现了对比与协调的设计形式，其中有直线与曲线的对比，有方和圆的形体对比等，这些造型对比因素又被到处可见的圆润处理手法和谐地统一于流畅的线条之中。

三、重复与韵律

重复与韵律是指有规律的重复和有组织的变化，可以是简单的、交替的、渐变的、起伏曲折的，也可以是交错的或拟态的。重复与韵律的运用使各种设计元素有规律地不断重复或有组织地重复变化。重复是产生韵律的条件，韵律是重复的艺术效果，韵律具有变化的特征，而重复则是统一的手段。重复与韵律运用得当，可以极大提高景观设计的艺术性，它可以使设计产生节律和畅快的美感。例如在绿地上种植植物时，要在种类和数量上做相应的变化，要在体量上有节奏地做大小变化（图5-14）。

四、对称与均衡

对称包括两侧对称和辐射对称。两侧对称是指以轴线为中心，左右两侧等距离、等体量地布放景物。辐射对称是指选择一点作为对称中心，以一定的角度布放景物。两侧对称在景观设计中最为常见。对称给人一种庄严、肃穆、稳定、整齐的感觉，常用于纪念性的景观和古典园林及建筑中。如天安门广场、天坛等主体都采用了对称的构造形式，很好地体现了中华民族文化的博大与精深。但过于严谨的对称会给人一种笨拙和死板的感觉，因此在设计中应该灵活运用对称的形式。

图5-14 绿地上的“重复与韵律”

均衡实际上是一种对比对称，是指支点两边在形式上相异而量感上等同的布局形式。均衡实际上已经超越了对称的根本含义，着重的是体量上、位置上的平衡、匀称。均衡变化多样，常给人一种轻松、自由、活泼的感觉，在比较休闲的景观设计中应用广泛。

五、分隔与联系

分隔是因功能或艺术要求将整体设计划分成若干局部来进行。联系是求得各个局部协调统一，组成一个整体。在景观设计中，正确运用好分隔与联系，能够产生灵活多样、层次感较强的景观艺术效果。例如被誉为中国四大名园之一的拙政园，由东园、中园和西园三部分组成，每个园区都有区别于其他园区的景观特色，而各个园区又有机地组合在一起，浑然一体，相得益彰。这就很好地运用了分隔与联系的表现形式，使整个园区既有层次感，又有紧凑感。

六、具象与抽象

具象是以写实的手法真实展现事物自身的美。抽象则是对事物特征中精华的部分加以提炼加工的艺术表现形式。抽象并非向壁虚构，而是以生动鲜活的具体事物为蓝本，进行合理化、艺术化归纳、提纯，是对于物象的更高层次的表现。具象要求表现对象真实、具体，而抽象的特点为隐晦、虚拟、变形、模糊、曲尽其态，并带有强烈的主观色彩。具象与抽象往往同时应用于同一景观设计中，使设计更加生动，有个性。

以上是景观设计中常采用的一些形式，但它们是相互联系综合运用的，并不能分开。只有在了解这些方法，加上更多的专业设计实践，才能很好地将这些设计形式熟记于心，灵活运用于设计之中。

第六节 景观中的造景手法

一、主景与配景

景观设计中有主景与配景之分。在景观布局中起控制作用的景称为“主景”，它是整个景观布局的核心、重点，往往呈现主要的使用功能或主题，是整个视线控制的焦点。主景包含两个方面的含义：一是指整个景观布局中的主景；二是景观布局中被景观要素分割的局部空间的主景。配景起衬托作用，可使主景突出，是主景的延伸和补充。在同一空间范围内，许多位置、角度都可以欣赏主景，而处在主景之中，此空间范围内的一切配景，又成为欣赏的主要对象，所以主景与配景是相得益彰的。

突出主景的方法有以下几种。

1. 主景升高或降低

主景升高，相对使视点降低，看主景要仰视，一般可取得以简洁明朗的蓝天远山为背景，使主体的造型、轮廓鲜明、突出。主景降低，看主景要俯视。

2. 面阳朝向

建筑物朝向以南为好，其他景观元素也是向南为好，这样景观元素显得光亮，富有生气，生动活泼。

3. 运用轴线和风景视线的焦点

主景前方两侧常常进行配置，以强调陪衬主景，对称体形成的对称轴称中轴线，主景总是布置在中轴线的终点。此外也常布置在景观纵横轴线的相交点，或放射轴线的焦点上，或风景透视线的焦点上。

4. 动势集中

一般四面环抱的空间，如水面、广场、庭院等，四周次要的景色往往具有动势，趋向于一个视线的焦点，主景宜布置在这个焦点上。

5. 占据空间构图的重心

主景布置在构图的重心处。在规则式景观构图中，主景常居于几何中心，而在自然式景观构图中，主景常位于自然重心上。

6. 主景体量加大或增多

可使主景明显区别于配景，以达到重点突出，主次分明。

7. 色彩突出

能使主景一目了然。

二、分景与借景

为了创造不同的景观，满足人们对各种景物的欣赏需求，在对景观进行空间组织时，常运用分景与借景的手法。

（一）分景

分景就是以山水、植物、小品及建筑等在某种程度上隔断视线或通道，常用于景观布局中划分若干空间，使之园中有园，景中有景，岛中有岛。景色虚实变换，丰富多彩，空间变化多样，引人入胜。分景可以把人们的注意力缩小到一定的空间范围内，分景按其划分空间的作用和景观效果的不同，可分为障景和隔景。

1. 障景

障景是指遮挡视线、引导空间、屏障景物，促使视线转移方向的造景手法。障景有土障、山障、树障、曲障等。障景是我国景观设计的特色之一，其常采用欲露先藏、欲扬先抑的手法，给人以“曲径通幽”“山重水复疑无路，柳暗花明又一村”等感觉。障景给游人以曲折多变、丰富多姿的观感，可避免一眼看到全景的现象。障景还能隐蔽不美观或不可取的部分，可障隐远景也可障隐近景，而障景本身又可自成一景。例如，《红楼梦》中大观园的入园设计采用的就是障景法，以假山为障，给人以想象的空间。

2. 隔景

隔景是指将景观分隔为不同空间、不同景区的造景手法。隔景可以避免各景区互相干扰，增加景观构图变化，隔断部分视线或通道，使空间“小中见大”，富有曲折感和层次感。隔景的方法和题材很多，如山岗、围墙、建筑、植物、假山、堤岛、水面等。隔景的方式有实隔和虚隔两种。实隔是指视线基本上不能从一个空间透入另一个空间。以建筑、实墙、山石密林等为隔断物可以形成实隔。虚隔是指视线可以从一个空间透入另一个空间。虚隔不仅能丰富景观的层次，而且能够造成隐约显现，但难窥全貌，有近在咫尺，却不可及的意境。以水面、疏林、道、廊、花架等为隔断物可以形成虚隔。

（二）借景

有意识地将景观布局范围以外的景色组织到景观布局中来，组成景观布局的一部分，称为借景。借景要达到“精”和“巧”的要求，使借来的景物同本景观布局空间中的环境气氛巧妙地结合起来，让景观布局内外的景物融为一体，便于视线的任意流动与收放。借景能扩大、丰富景观空间，增加变化，在有限的空间内获得无限的意境，以小见大，丰富了景观层次，使景观具有象外之象、景外之景的艺术效果。中国古代的景观设计中早就用到借景的手法。如岳阳楼近借洞庭湖水，远借君山之风景，构成了气象万千的优美画面。借景可分为远借、近借、仰借、俯借、互借、邻借、应时借等。

1. 远借

远借指将景观以外的远景借入景观布局中。园外远景较高时，可用开辟平视透视线的方法借景。如北京香山饭店园林“烟霞浩渺”景观，就是巧借南部的西山红叶形成的。当人们站在“溢香厅”平台前南望时，视线透过两株大银杏，直达700米以外山巅，山上黄栌，万树含烟，入秋如霞。

2. 邻借

邻借指将园外或景区外近景借入园中。邻借必须有山体、楼台俯视或开窗透视，如苏州沧浪亭园内缺水，但通过复廊，山石驳岸，可以自然地将园外之波与园内之景组为一体。

3. 俯借

俯借指登高远望、俯视所借园外或景区外景物。

4. 因时、因地而借

利用一日或四季大自然的变化与园景配合组景。一般可朝借旭日，晚借夕阳，春借桃柳，夏借荷塘，秋借丹枫，冬借飞雪等。如杭州西湖的平湖秋月、曲院风荷，河南嵩山的嵩山待月，洛阳西苑的清风明月亭，都是通过应时而借组景的，其艺术效果相当不错。

三、近景、中景、全景与远景

景观就空间距离层次而言，有近景、中景、全景与远景之分。近景是近视范围较小的单独风景；中景是目视所及范围的景致；全景是相对于一定区域范围的总景色；远景是辽阔空间伸向远处的景致，相对于一个较大范围的景色。远景可以作为园林开旷处瞭望的景色，也可以作为登高处鸟瞰全景的背景。山地远景的轮廓称轮廓景，晨昏和阴天的天际线起伏称为蒙景。合理的安排前景、中景与背景，可以加深景深，使画面富有层次感，使人获得深远的感受。

四、对景

位于景观布局轴线及风景视线端点的景称为对景。为了观赏对景，要选择最精彩的位置，设置供人们休息逗留的场所，作为观赏点。如亭、榭、草地等与景相对，景可以正对，也可以互对。正对是为了达到雄伟、庄严、气魄宏大的效果，在轴线的端点设景点；互对是在景观布局轴线或风景视线的两个端点设置景点，互成对景，互对景也不一定有非常严格的轴线，可以正对，也可以有所偏离。

思考练习题

1. 简述景观心理学的特性。
2. 试分析一下色彩对心理的作用。
3. 简单介绍一下景观照明设计的类型与特点。

第六章

景观设计程序

教学目标和要求

通过本章的学习，学生能够掌握景观设计程序，并能灵活运用。

PPT课件

第一节 景观设计调研

景观设计是一门综合性很强的学科，要想设计好景观，必须对景观有深入透彻的了解。

景观设计者在接到任务后，应该首先充分了解设计委托方的具体要求，然后善于进行基地调查，收集相关资料，对整个基地及环境状况进行综合概括分析，提出合理的方案构思和设想，最终完成设计。

一、综合考察

综合考察主要有两个方面：

（1）明确设计的任务，要求掌握所要解决的问题和目标。例如，设计创造出的景观的使用性质、功能特点、设计规模、总造价、等级标准、设计期限以及所创造出的景观空间环境的文化氛围和艺术风格等。

（2）实地测量，收集和调查有关资料，为下一步进行设计分析及可行性调研做准备。实地测量作为景观设计的第一阶段，它对整个景观设计过程所起的作用是指导性的。例如，收集与设计任务有关的资料与信息，用以研究使用者的功能需求、精神需求、心理需求等；同时，还要研究委托任务书、相关条件、资料以及法律法规等，以便对可行性进行评估。

二、人文背景分析

人文背景主要包括设计地域范围内社会文化背景及历史背景方面的内容。景观是一个时代的社会经济、文化面貌以及人的思想观念的综合反映，是社会形态的物化形式。

（一）对于人们在精神需求方面的分析

不同的景观在精神层面上都能给人一定的感受或启迪。借助景观的造型、材料、机理、空间以及色彩以表达某种精神内涵，渲染一定的气氛。如积极向上的精神，宗教气氛的渲染，民俗文化的表现，历史文化感等。因此，要设计某个区域的景观，就要了解该景观所针对的人群的精神需求，了解他们的喜好、追求与信仰等，然后有针对性地加以设计。

（二）对于群体的社会文化背景的分析

一般而言，社会在本质上是社会关系的总和，具体是指处于特定区域和时期、享有共同文化并以物质生产活动为基础的人类生活的共同体。所谓社会文化，其内涵极其广泛，包括知识、信仰、宗教、艺术、民俗、生活习惯、地域、道德、法律等。不同文化背景的群体之间在景观审美偏好方面存在显著差异。景观作为一个客观实体，体现了一定的社会文化，具有该社会的文化属性。文化具有民族性、区域性和时代性。因此，在设计一定的社会文化下的景观构造时，一定要深入分析该区域的社会文化特点，使景观设计与该区域的社会文化很好地融合在一起。

（三）对于社会历史的分析

人类社会历史悠久，源远流长。虽然不同的历史时期有着不同的人和事物，也有着不同的文化背景，但社会历史却是连续的、相融的。景观设计也应与社会历史相一致、相融合，绝不能偏离历史，背道而驰。

三、自然生态分析

自然生态的差异对景观的格局内涵和构建方式有着极大影响。例如，严寒地带的景观布局与热带和亚热带地区的布局就有着明显差异。在进行设计时，要对地形、植被的选用，生态及环保等方面进行充分考虑与分析。

地形，主要包括地理位置、用地的形状面积、地表的起伏变化、裸露岩层的分布情况、走向、坡度等特征。这些在景观设计中都应充分考虑到。景观环境地形千姿百态，但大体上可分为三类：平地、坡地和山地。平地的开阔性较好，有利于空气流动，通风性较好；坡地是指有一定坡度的地形，可以使景观层次丰富，消除视景的幽闭感。坡地的自然采光时间较长，有利于排除积水。山地的斜度要比坡地大，且地表起伏比较明显，往往要利用原有地形，适当加以改造。

选用植被要以当地的自然环境为依据。植被的选用必须考虑地质、土壤及环境气候条件等因素，环境污染也会对植物产生一定程度的影响。例如，椰子适合种植在热带及亚热带环境中，如果栽植在北方地区就无法正常生长，甚至造成死亡，既不利于美化，又会造成浪费。再如，在酸雨较多或二氧化硫污染严重的地区应多种植一些吸收二氧化硫较多的植物（如垂柳、月季、柳杉等），这样既美化了环境也减少了污染。

在景观设计过程中，应充分考虑生态与环保的问题。绝不能因为盈利或只图美观而破坏了生态平衡。景观设计应服从人类生存环境的可持续发展，以生态和环保为原则进行设计。

四、确定设计方案的总体基调

在通过对景观设计所属地域的综合考察与分析之后，就要确定设计什么样的景观，分析其可行性，建造此景观的有利因素和不利因素，以明确设计方案的总体基调，如休闲娱乐、教育、环保景观等。

休闲娱乐景观指提供娱乐、游戏、体育活动、休息等文化活动的一类景观。如娱乐场、体育场、休息厅、购物广场、公园等。

教育景观指的是以传播科学文化知识为主要目的景观类别，如文化广场、科技馆等。教育景观的设计应充分考虑知识性、文化性与景观设施的有机融合。

环保景观主要指为了消除污染，保护生态平衡而设立的景观。如自然保护区或人工建造的具有景观作用的净化设施等。

第二节　景观设计过程

景观设计过程主要包括方案构思、施工方案设计、施工出图阶段、工程施工和竣工验收五个阶段。这五个阶段在相互制约的基础上有着明确的职责划分。其中构思方案阶段的工作主要包括确立设计的思想、进行功能分区，结合基地条件、空间及视觉构图确定各种使用区的平面位置，包括交通的布置、广场和停车场的安排、建筑及入口的确定等内容。施工方案设计就是全面地对整个方案各方面进行详细的设计，包括确定准确的形状、尺寸、色彩和材料，完成各局部详细的平立剖面图、详图、透视图、表现整体设计的鸟瞰图等，是将设计与施工连接起来的环节，根据所设计的方案，结合各工种的要求分别制出具体、准确地指导施工的各种图纸，能清楚表示出各项设计内容的尺寸、位置、形状、材料、种类、数量、色彩以及构造和结构，完成施工平面图、地形设计图、种植平面图、景观建筑施工图等。

一、方案构思

景观设计本身是个复杂的过程，方案构思阶段的特点可以概括为五个特性，即创造性、综合性、双重性、过程性和社会性。

（一）创造性

景观设计的过程本身就是一种创作活动，它需要创作主体具有丰富的想象力和灵活开放的思维方式。景观设计者在进行各种类型的景观设计时，必须能够灵活地解决具体矛盾与问题，发挥创新意识和创造能力，才能设计出内涵丰富、形式新颖的景观作品。对初学者而言，创新意识和创造能力应该是其专业学习训练的目标。

（二）综合性

景观设计是一门综合性很强的学科，涉及建筑工程、生物、社会、文化、环境、行为、心理等众多学科。作为一名景观设计者，必须熟悉、掌握相关学科的知识。另外，园林绿地本身的类型也是多种多样的，有道路、湖水、广场、居住区绿地、公园、风景区等。因此，掌握一套行之有效的学习方法和工作方法是非常重要的。

（三）双重性

景观设计的思维活动有着不同于其他学科之处，具有思维方式双重性的特点。景观设计过程可概括为分析研究—构思设计—分析选择—再构思设计……如此循环发展的过程。在每一个分析阶段，设计者主要运用逻辑思维，而在构思阶段，主要运用形象思维。因此，平时的学习训练必须兼顾逻辑思维和形象思维两个方面。

（四）过程性

在进行景观设计的过程中，需要科学、全面地分析调研，深入大胆地思考与想象，不厌其烦地听取使用者的意见，在广泛论证的基础上优化选择方案。设计的过程是一个不断推敲、修改、发展、完善的过程。

（五）社会性

景观作为城市空间环境的一部分，具有广泛的社会性。这种社会性要求景观设计者的创作活动必须综合平衡社会效益、经济效益与个性特色三者的关系。只有找到一个可行的结合点，才能创作出尊重环境、关怀人性的优秀作品。

构思是一个景观设计最重要的部分。在对景观设计地域进行综合考察与各方面分析，明确景观设计效果之后，就要对景观进行细致的规划构思。构思要另辟蹊径，有创意。一个景观的设计能否成功，关键在于设计师的构思是否有新意。构思时要注意设计形式的有效运用。

二、施工方案设计

（一）构画设计草图

设计草图（图6-1）是设计者对设计要求理解之后，设计构思的形象表现，是捕捉设计者头脑中涌现出的设计构思的最好方法。草图一般徒手画成，因为徒手画得快，不受工具限制，可以随心所欲，自然流畅，能将头脑中的构思迅速表达出来。草图可根据设计者的进一步思考而进行一定的修改。草图设计对于比例、结构的要求不是很严格，但也要注意，否则与实际的尺度出入过大，就失去了意义。可以在有比例的坐标纸上覆以拷贝纸进行绘制。

（二）绘制平面图

在绘制平面图时（图6-2），首先根据景观设计的不同分区，划分若干局部，每个局部根据整体设计的要求，进行详细设计。

在进行平面图的绘制时，应注意选用恰当的比例尺及等高线距离，如比例尺为1：1000，等高线距离为0.54米，用粗细不同的线条，绘制出等高线、建筑、广场、园路，水池、驳岸、树林、草地、花坛、景观小品等。详细设计平面图的绘制要求表明建筑平面、标高及与周围环境的关系。例如，道路、驳岸应标明其宽度、

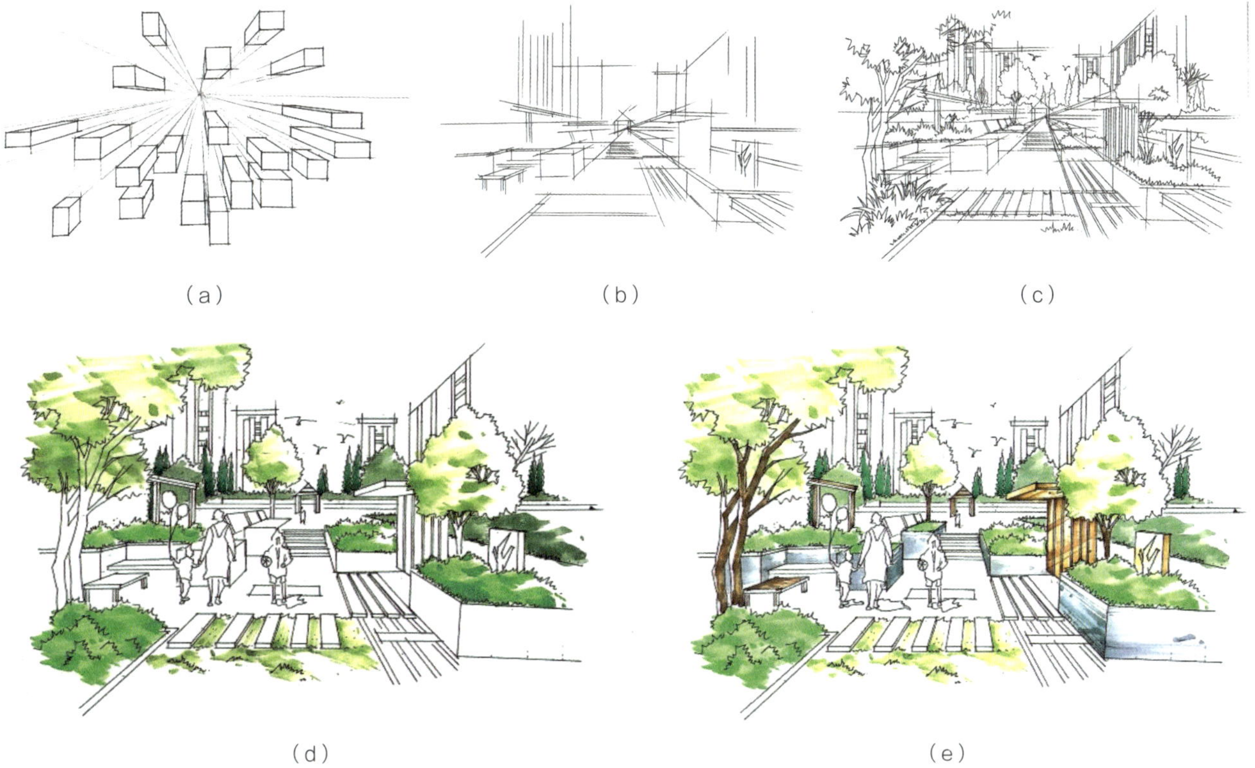

（a）　（b）　（c）

（d）　（e）

图6-1　设计草图

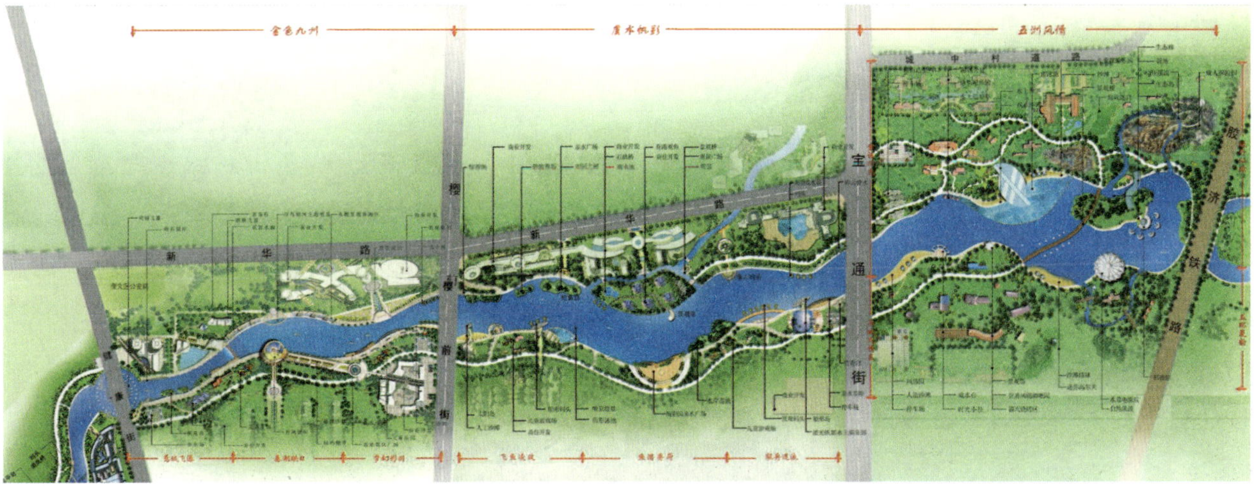

图6-2　休闲娱乐沿线景观总平面图

形式、标高等；主要广场应标明其形式和标高；草坪、花坛、水池等应标明其面积大小和标高。如果平面上有雕塑、景观小品等，还要标明其造型。

为了更好地表达设计意图，有时需要在局部上做一些局部放大图或横纵剖面图。

在进行平面图的绘制时，通常需要借助计算机来辅助完成，目前主要用到的软件有AutoCAD、Photoshop等。

（三）制作效果图

效果图（图6-3）的绘制通常要借助计算机来辅助完成，也有手工完成的，但主要用计算机来辅助完成。用到的软件主要有3ds Max、Rhino、Photoshop等，用三维软件来设计整体的效果，再利用Photoshop 来对效果图进行细化处理。效果图的绘制要比草图更加完整精细，细节更加清晰，要按精确的比例进行绘制，因此绘制的时间也相对较长。效果图能按比例绘出景观设计造型的形象，反映出景观设施间主要的结构关系，具有重要的实际意义。

（四）展板设计

在绘制完效果图后，就可以利用各种效果图来组织版面，配以主要说明文字对图纸进行解释和补充，做成展板，以供公众或相关部门来观赏、评判。制作展板，一方面可以向公众充分展示设计师的设计成果及设计水平；另一方面，针对设计方案中的不足，可以充分采集和听取公众及相关部门的意见，以便对设计方案进一步修改和完善。

（五）模型制作

虽然效果图已经将构思立意充分表现出来了，但是，效果图是纸面上的图形，而且是以一定的视点和方向绘制的，这就难免会存在不全的假象。因而在设计的过程中，

图6-3　园区效果图

使用简单的材料和加工手段，按照一定的比例制作出模型（图6-4）是很有必要的。模型的制作能更准确、直观地表达出景观设计的比例和尺度关系及总体效果。模型分为整体模型和局部模型两种。有时为了能看清某一局部的细节变化，需要为该局部单独制作局部模型。

如果没有必要，可以不进行版式设计和模型制作。

三、施工出图阶段

在完成各局部详细设计的基础上，才能着手进行施工图的设计。

（一）施工设计图纸要求

（1）图纸规范。图纸要尽量符合国家相关部门规定的标准。一般情况下，不允许变化图纸规格，特殊情况下可加长，但加长部分应为边长的1/8或其倍数。

（2）一般的施工图纸均应明确画出设计项目范围，画出坐标网及基点、基线的位置，以便作为施工防线的依据。基点、基线的确定应以地形图上的坐标网或现状图上工地的坐标点，及现状建筑屋角、墙面、构筑物、道路等为依据，必须纵横垂直。

（3）图纸要注明图头、图例、指北针、比例尺、标题栏以及简单的图纸设计内容说明。图纸字迹要求清楚整齐，不得潦草，图面整洁清晰，图纸要求分清粗实线、中实线、细实线、点划线、折断线等各种线型，并准确表达对象。

（二）施工放线总图

主要应标明各设计因素之间具体的平面关系和准确位置。图纸内容包括保留利用的建筑物、构筑物、树木、地下管线等，设计的地形等高线、标高点、水体、驳岸、山石、建筑物、构筑物位置、道路、广场、桥梁，绿化的种植点以及各种景观小品等设计内容。

图6-4 模型效果图

（三）地形平面设计图

地形平面设计图的主要内容应包括制高点、山峰、台地、丘陵、缓坡、平地、岛及湖、池、溪流等的岸边、池底的具体高程，以及入水口的标高等。

（四）水体设计

水体设计也是景观设计的重要组成部分。在平面图中应标明水体的平面位置、形状、大小、类型、深浅以及工程设计要求。

（五）道路、广场设计

道路、广场设计的平面图要根据道路系统的总体设计，在施工总图的基础上，画出各种道路、广场、地平、台阶、盘山路、山路、汀步、道路等的位置，并注明每段的高程、纵坡、横坡的数字。

（六）建筑景观设计

建筑景观设计要求包括建筑的平面设计（能反映建筑的平面位置、朝向以及与周围环境的关系）、建筑底层面，屋顶平面、必要的大样图、建筑结构图等。

（七）绿化设计

绿化设计应表现树木花草的位置、品种、数量、种植类型、种植距离以及水生植物等内容。

（八）管线及电信设计

在管线规划图的基础上，上水（造景、绿化、生活、卫生、消防）、下水（雨水、污水）、暖气、煤气等，应按市政设计部门的具体规定和要求正规出图。

四、编制设计说明书及工程预算

（一）设计说明书的编制

在进行景观设计构思时，必须对各阶段的设计意图、经济技术指标、工程安排以及设计图上难以表达清楚的内容等，用图表或文字的形式加以描述说明，使规划设计的内容更加完善。

对于一般性质的景观设计，编制设计说明书主要包括以下几个方面的内容。

（1）景观概况：场地所属单位的性质、特点，场地内的现状及其周围环境情况，当地的气候、土壤、水分与自然状况。

（2）景观设计的原则、特点及设计意图。

（3）场地的总体布局及各景观节点的设计构思。

（4）场地入口的处理方法及道路系统的组织。

（5）场地四周防护林带的建设。

（6）植物配置与树种的选择。

（7）绿地经济技术指标。

（8）总的规划面积、绿地面积、道路、广场面积、水体面积、绿化覆盖率、人流量及人流分布等。

（9）景观材料、色彩、灯光效果的要求。

（二）景观工程预算

1. 种植工程

（1）苗木购置费。根据设计图纸列出的所有苗木的规格、数量及单价，算出苗木购置费，用a表示。

（2）草皮购置费。绿地中在接近地面的下层，一般要求大量运用草皮及其他地被植物、草木花卉进行覆盖。草皮购置费一般按单位面积造价计算出所需的费用，用b表示。

（3）苗木、草皮的挖掘、运输、栽植费用，这些工程费用用c表示，一般按购置费的30%计算，即：

$$(a+b)30\%=c$$

（4）种植总造价用d表示：

$$d=a+b+c$$

2. 工程设施

（1）建筑景观、景观构筑物及景观小品。这部分费用可以根据单位面积造价或使用材料的数量计算出来，用e表示。

（2）道路广场。根据铺设面积大小及所用材料造价的数量计算出来，用f表示。

（3）水景工程。一般根据水池面积大小计算，配有喷泉、泉涌等机电设备的另外计算，用g表示。

（4）照明设施。根据所用地下电缆的长短、各种灯具以及附属设备的价格计算出来，用h表示。

（5）各项工程设施施工费用i表示；工程设施直接费用j表示，则

$$j=e+f+g+h+i$$

综合管理费用k表示，则$k=j\times5\%$；工程设施总造价用l表示，则

$$l=j+k$$

3. 其他费用

（1）场地规划设计费用m表示，即$m=(d+l)(3\%\sim6\%)$。根据国家有关规定，场地规划设计费按整个项目投资的3%～6%的标准收取。

（2）不可预见费用n表示，则：

$$n=(d+l+m)\times5\%$$

4. 工程总造价

工程总造价用x表示：

$$x=d+l+m+n$$

五、工程施工

工程施工是最后设计人员与施工人员相配合将设计方案实现的阶段。虽然大量的工作要由施工人员来完成，但仍需要设计人员密切配合。首先，在施工前，设计人员要向有关施工单位讲解其设计方案，递交相关的设计图纸，即交底。其次，在施工的

过程中，设计人员要下工地，到现场全程跟踪指导。施工人员可能遇到这样或那样的问题或提出不同的看法，都需要设计人员随时解释、审核甚至加以修改、补充相关的图纸。施工结束后，设计人员应协同质检部门进行工程验收。设计是关键，施工是保证，养护是永续。设计好不等于施工效果好，一个优秀的作品必须是设计和施工的完美结合。

六、竣工验收

工程竣工后，要进行安全、技术、美学、经济等多方面的综合评价与检测，符合标准后，方可投入使用。

思考练习题

结合实际所学内容，谈一谈景观设计的具体过程。

第七章

景观设计准则

教学目标和要求

通过本章的学习，学生能够掌握景观设计的准则，并能在具体的实践过程中灵活运用。任何一种设计都要以一定的思想观念为指导，都在贯彻一种思想文化观念。景观设计必须要着眼于现在，放眼于未来，既要有传统的内涵，又要富于时代感。景观设计要有自己的设计准则贯穿其中。因此，景观设计应该遵循下列准则：安全性、生态性、审美性、时代性。

PPT课件

第一节 安全性

一项景观设计工程成功与否，首先要考察其安全性。安全性是景观设计的第一准则，其他一切因素都要建立在安全性的基础上，没有了安全为保障，一切都无从谈起。安全因素涉及方方面面，其中主要考虑到材料、结构及施工等方面的因素。

材料方面的安全性主要指该材料是否污染环境，是否会给人们造成伤害，同时还要考虑材料的使用寿命等。放射性的、有毒的材料在使用时应慎重考虑，要事先对其进行加工处理，屏蔽其放射性、排除毒性，或选择其他无放射性、无毒材料来代替。对于材料的使用寿命也应充分加以考虑。特别是在一些关键性的结构上，更应高度重视。结构方面的安全性主要指各方面的构造要符合物理特性，遵守力学法则等。施工方面的安全性主要指工程要符合物理原理，不能偷工减料，偷梁换柱。

第二节 生态性

对于人与自然生态的关系，中国古代早有精辟的论述。如《管子・形势解》中认为人不能“上逆天道，下绝地理”，否则就会“天不予时，地不生财”。随着生态学思想的引入，景观设计的思想和方法也发生了重大转变，景观设计师在设计中要考虑设计的生态性，遵循生态性准则。景观的生态性设计主要有以下几条基本准则。

一、自然优先准则

尊重自然是景观设计的首要准则，保护自然是利用和改造自然的前提。要维护自然界本身的缓冲和调节功能，因为自然界在其漫长的演化过程中，形成一个自我调节系统来维持生态平衡。其中水分循环、植被、土壤、小气候、地形等在这个系统中起着决定性作用。

（一）充分利用自然界中的原有资源

在进行景观设计时，应充分发挥原有景观的积极因素，因地制宜，利用原有的地形及植被，避免大规模的土方改造工程，尽量减少因施工对原有环境造成的负面影响。例如，要设计一块场地，我们就应从这块场地开始，首先分析其自然形成的过程，如风、水、生物、生态条件、土壤条件、周围的山水格局、山水环境，它们跟气候的关系情况、现状的植被情况以及地下水等诸多问题。其次要对这块场地进行系统的自然背景分析。最后做整体设计分析这块场地的适应性。景观设计必然从整个场地的自然属性开始分析，尊重自然、保护自然。如果场地有水，那么就要充分利用这水；如果场地周围有山，那么就要充分利用这山；如果场地有良好的植被，那么就要充分利用这些植被。尽量在不破坏自然的情况下设计改造这块场地。大自然本身有它天生的美、天生的功能在其中，人的活动应该在自然的背景下去完成。

减少水资源消耗与浪费是生态性的重要体现之一。在景观设计中，可以充分考虑雨水、雪水等自然降水的回收利用，特别是在一些降水比较频繁的地区更应该把握好自然降水的有效利用。可以利用回收来的降水营造水景、灌溉绿地、清洁卫生等。例如，德国柏林波茨坦广场地面上和广场上建筑的屋顶都设置了专门的雨水回收系统。收集来的雨水用于广场上植物的浇灌补充广场水景用水及建筑内部卫生的清洁等，有效地利用了自然降水。

真正的景观设计并不是任意去破坏自然、破坏生态，而是自然和人文的完美统一，用最少的投入，最简单的维护，因地制宜，充分利用自然的原有风貌，达到设计与当地风土人情、文化氛围相融合的境界。因此，在进行景观设计时，首先要考虑与周围的自然环境相融合的问题。

（二）维护生物多样性

大自然包容了丰富多样的生物，是维持生态系统平衡的基础，是人们生存与发展的需要。景观设计是与自然相结合的设计，应尊重和维护生物多样性。景观设计的生态性的最深层的含意就是为生物多样性而设计。

尊重和维护生物多样性，包括原有生物生息环境的保护和新的生物生息环境的创造；保护城市中具有地带性特征的植物群落，包括有丰富乡土植物和野生动植物栖息的荒废地、湿地、自然河川、低洼地、盐碱地、沙地等生态脆弱地带；保护乡土树种及稳定区域性植物群落组成，有节制地引种；在发展人工草地的同时，保护野生花草；保护湿地生态系统等。

二、整体设计准则

景观生态设计是对人类整体生态系统进行全面的设计，而不是孤立地对某一景观元素进行设计。景观设计的目标是整体优化和可持续发展。要保证一个地区各组成元素达到最优的配置就必须正确定位该地区社会和经济的发展方向，综合研究其土地功能布局和公共基础设施组织。

景观是一个综合的整体，它是在一定的经济条件下实现的，必须满足社会的功能，也要符合自然的规律，遵循生态原则，同时还属于艺术的范畴，缺少了其中任何一方，设计就存在缺陷。景观生态设计是对人类生态系统整体进行全面设计，而不是孤立地对某一景观元素进行设计，是一种多目标设计，为人类需要，也为动植物需要，为高产值需要，也为审美需要，设计的最终目标是整体优化。

现代景观设计不只是建筑物的配景或背景，更要相地合宜，要得体，与自然、环境形成统一的整体。广场、街景、园林绿化，从城市到牧野都寄托了人类的理想和追求，注重人的生活体验、人的感受，是人在茫茫宇宙中的栖居之所。美好的景观环境既是未来生活的憧憬，也是历史生活场景的记忆，更是现代生活的空间和系统。景观设计就是要解决人与人，结构与功能，格局与过程之间的相互关系，使自然环境与周围环境充分结合，创造出和谐丰富的外部空间环境（图7-1）。

三、以人为本准则

各种各样的景观因素都是人类为满足自己活动需要而建筑的。英国规划家威廉·阿朗索（William ALonso）曾指出，规划师犹如一个翻译，他的职责就在于把公众的需要“翻译”成物质的环境。人类有生理、安全、社交、心理、自我实现五个基本需求，在景观设计中，我们应充分考虑到人类的基本需求。

人既是自然人，也是社会的人，所以在做景观设计时应该把这些因素考虑进去。在景观设计中，应把人的需求放在首位，要留出一定的活动场所。往往做一些展示性的、不为人考虑的事情，过分的人工化、过分展示的做法都是给人看的，这些设计手法都是不冷静的。

以人为本是人类在改造世界的过程中一直追求的目标，是设计发展的更高阶段，是人类社会进步的必然结果。在景观设计中，以人为本是以人为轴心，注意提升人的价值，尊重人的自然需要和社会需要的动态设计原则。以人为轴心不是片面地考虑个体的人，而是综合的考虑群体的人、社会的人，考虑群体的局部与社会的整

图7-1 景观墙与雕塑的有机融合

体结合，使景观设计的发展与更为长远的人类的生存环境的和谐相统一。因此，以人为本应该是站在人性的高度上把握景观设计的方向，以综合协调景观设计所涉及的深层次问题。

四、地域性准则

现代城市建设，总体趋向于同一个模式，绝大多数的城市规划已经或正在丧失其地域特色，同一模式的景观随处可见，从而丧失了景观的独特性，没有体现潜在的地域性。随着经济的发展，城市规模的扩张，保持地方历史性、文化性和自然地理特质具有深刻的时代价值。

景观设计应根植于所处的地域。地域性准则是在对局部环境的长期体验中，在对自然深刻了解的基础上与自然过程相和谐的当地人的创造性设计。遵循这一原理主要表现为：尊重地域的精神和地方文化，适应地域自然过程，使用当地材料、植物和建材等，创造具有自然特性、文化特性的景观，突出地方文化与地域特征（图7-2）。

景观设计的生态性是以人类的长远利益为着眼点，重视对自然环境的保护，运用景观生态学原理建立生态功能良好的景观格局。促进资源的高效利用与循环再生，减少废物的排放，增强景观的生态服务功能，使人居环境走向生态化和可持续发展之路。

景观设计的生态性促使人们站在科学的视角，重新审视景观行业，景观设计师们也开始将自己的使命与整个地球生态系统联系起来。现在，在景观设计行业发达的一些国家，生态主义已经成为景观设计师内在的和本质的考虑。尊重自然发展过程，倡导能源与物质的循环利用和场地的自我维持，发展可持续的处理技术等思想贯穿于景观设计、建造和管理的始终。在设计中对生态的追求已经与对功能和形式的追求同等重要，有时甚至超越了后者，占据了首要位置。

图7-2　四合院——古城北京的象征

第三节　审美性

景观设计的审美性在景观设计中占据着重要的地位。景观设计强化了景观空间的性格、意境和气氛，使不同类型的景观空间更具性格特征、情感及艺术感染力，提高了景观设计的艺术性，满足了人们的审美需求。作为审美主体的人与景观发生相互感应和相互转换的关系，通过意境、气氛等的表达，给人以美的享受，陶冶着人们的情操。例如，建筑景观以其理性、刚直的造型与植物柔美的线条、斑驳的色彩及多姿的形态形成鲜明的对比，给人以丰富多彩的美感。

在拥挤、嘈杂、忙碌、紧张的现代社会生活中，人们对于自己生活区域的景观环境的设计质量要求越来越高，特别是城市景观环境。景观设计不仅关系一个地区的形象、经济发展的速度，还与该地区的精神文明建设密不可分。在时代发展、高技术、高情感的指导下，强化景观设计的性格、意境和气氛，使不同类型景观布局更具性格特征、情感及艺术感染力，以此来满足不同人群的审美需要。通过对景观空间造型、色彩基调、光线的变化以及空间尺度的设计，来营造良好的、开阔的景观视觉审美空间。景观设计从审美角度入手，改善并提高人们的生活水平及生活质量。

景观设计作为一门艺术，是从美学的角度来分析和研究的，其自始至终体现了一种与时代同步甚至超越时代的审美性要求，是一个美的创造过程，景观设计要从以下几个方面来体现审美性的设计准则。

一、要有卓越的创意

形式新颖、创意独特是创造具有高品位的审美性的必要条件。创意新颖，首先要在构思上另辟蹊径，用一种独特的视角去审视景观，这是一个景观项目设计成败的关键所在，也是是否具有高品位的审美价值的非常重要一环。卓越的创意需要有一个度，是在符合其他设计准则的基础上进行的。

二、体现大众审美情趣

景观设计是面向大众的，所以景观美学的衡量标准是符合大众的审美趣味。景观的美学质量可以从审美者的主观态度中反映出来，景观设计的着眼点要立足大众、服务大众，使其在多样性与变化性中达到大众普遍的精神需要。

三、要有独特的文化内涵

文化内涵是一种多层次、多元素、内容极其广泛复杂的社会科学，它具有民族性、地域性和时代性。审美性的差异基于丰富多彩的个性文化内涵，因此，对主观的文化内涵的开发、对于体现景观设计的审美性起了基础性的作用。如中国传统的诗词文化传达的“幽”“雅”“旷”的审美意境，中国山水画中表现的“虚”与“实”的景观构图，以及中国对“四季”特有的描述所表现和传达的审美取向等，这就是用独特的文化内涵创造出的“景美”与“境美”（图7-3）。

四、要体现不同形式的审美性

要体现景观设计的审美性，必须把握好景观设计的造型美、人工美、工艺美，以及自然美、艺术美、意境美等几个方面。要恰如其分地体现景观设计的审美性，使其具有一种整体的和谐美（图7-4）。

图7-3 独具特色的中国景观文化

图7-4 形式多样的景观结构

五、要体现“绿色美学”原则

“绿色美学”是指景观所传达出的天然性、独特性、生态性、清洁性、和谐性特征，要给人一种欢欣愉悦、赏心悦目、流连忘返的感觉。绿色美学作为一种视觉生态美学，要反映人们对于自然与土地的眷恋与热爱，唤起人与自然的天然情感桥梁，强调人与自然的生态性联系（图7-5）。

图7-5 “绿色美学”在景观设计中的体现

第四节 时代性

时代的发展改变着今天景观设计的面貌，时代因素是景观设计发展的深层原因。景观设计为现代人提供了一个工作、生活、休闲、娱乐的良好空间环境，从侧面反映了社会的物质生活和精神生活，不可避免地打上了时代的烙印。人类的科技进步、时尚观念、审美观念及社会意识形态等都会影响景观设计的发展。在进行景观设计时，应该充分考虑到当时时代的社会功能及行为模式，分析具有时代精神的审美观及价值取向，利用当时成熟先进的科学技术手段来进行具有时代美感的景观设计（图7-6）。

图7-6　具有时代美感的景观设计

景观的发展是与时代的发展紧密联系的。社会的政治、经济、文化状况对景观设计的发展有着深刻的影响。一个时代社会经济的发展、社会文化意识的进步，都能促进景观设计的不断发展和完善。历史上，工业革命带来了一个时代的进步，景观设计的内容和形式也发生了巨大变化，促使了现代景观设计的产生。这也给景观设计提出了一些新的要求，比如说人口的增加、土地使用面积的相对减少，这就要求设计师在景观设计时，要利用有限的空间，努力发掘额外的空间。同时新材料和新工艺的应用也已经成为现代景观设计的一个新课题。

严重的环境污染和能源危机使人们对自身的生存环境的危机感日益加重，生态性景观设计成为普遍共识，要以人类的长远利益为着眼点，重视对自然环境的保护，运用景观生态学原理建立生态功能良好的景观格局。促进资源的高效利用与循环再生，减少废物的排放，增强景观的生态服务功能，使人居环境走向生态化和可持续发展之路。

第五节　案例分析——虞河景观设计方案

一、场地概况

虞河在治理以前是一条污染较严重的河流（图7-7）。

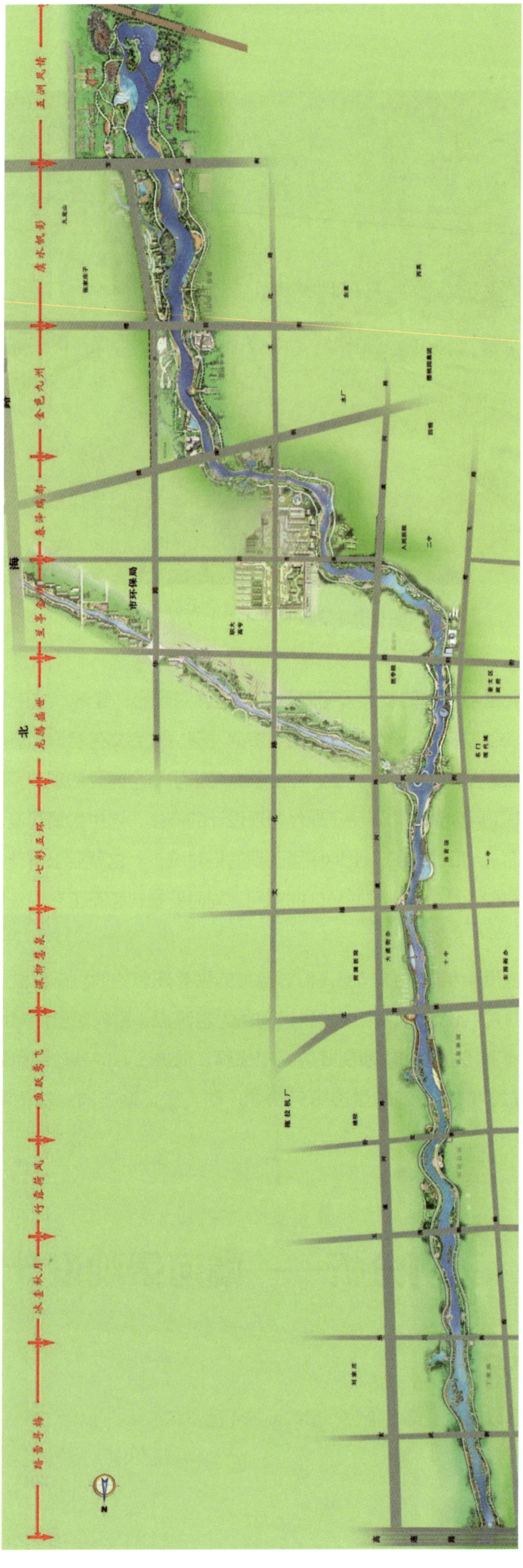

图7-7　虞河平面图

二、规划目标与原则

(一)设计理念

1. 地域性

优秀的景观设计必须是有文化内涵，有地域特色的。虞河景观在构思中首先从挖掘潍坊的地域文化入手，结合当地实际情况，充分考虑潍坊的自然条件、人文历史、民俗风情和市民的现代生活特点，从而打造虞河景观的唯一性，创造独具特色的虞河景观带，使其成为潍坊景观的一个亮点。

2. 生态性

虞河景观设计强调生态适应性和自然生态环境的维护和完善。因地制宜，利用乡土生物群落。水边和草地上大量配置乡土植物群落，形成可持续的生态群落。

3. 经济性

充分利用场地条件，减少投入，挖掘土地价值。保留和充分利用原有地形、厂房结构和植物(大树)，力图在最少改造的前提下，减少造价，创造富有特色的景观。考虑通过功能性餐饮及茶座的经营获得经济效益，用于虞河景观的管理与维护，而不是靠门票来取得经济效益。

4. 城市特性

作为一条流经市区繁华地段的河流，必须充分考虑为市民服务的特性。把沿河景观与两边社区公共服务设施串联起来，将水景、园林与社区生活连为一体，形成珍珠项链式的城市风景带，为市民提供更好的学习、工作生活环境，创立城市形象的特色品牌。

5. 国际化

潍坊是著名的世界风筝都，每年都有大量的国内外朋友到潍坊观光旅游、投资兴业。所以作为改造城市环境的重要组成部分的虞河景观，又有国际化的要求，必须考虑其旅游特性，通过旅游使更多人了解潍坊、认识潍坊，以达到建设潍坊的目的。

(二)设计目标

把虞河建设成一条“美丽的河，流动的河，繁华的河”，使其成为展示潍坊历史文化资源，体现城市景观特色，吸引国内外游客的景观长廊。美丽的河——改善水质、拓宽水面、改造亲水空间，建设沿岸景观；流动的河——解决水源、提升水位，开辟水上游览；繁华的河——展示资源、改善设施、吸引人流，促进商业繁荣和两岸房地产开发。

三、具体设计方案

(一)总体设计思想

以虞河水道为主轴，两岸亲水空间为辅轴，桥头、护栏坝为节点，构筑带状的绿色游览空间。全线共分为六大文化景区，这六个文化景区中又分为十二个风貌段，三十六个主景点，分别展示潍坊独特的自然、人文、历史景观。

虞河景观带是以潍坊的地域文化为主脉，将各个文化景区联为整体，从而全面提升虞河景观的文化内涵，将其真正打造成为具有潍坊本地特色的、现代化的、国际化的、能够全面提升城市品位和形象的一条“飘动的绿带”。

(二)六大文化景区

1. 自然、生态文化景区(高速公路——北宫东街)

此景区位于虞河的下游，两岸工厂较多，污染较为严重，所以景区内以种植绿化植物为主，充分考虑潍坊当地的特色植物，搭配种植，水中形成多个生态小岛，达到净化水质和空气的作用。在景区内又分为春(鱼跃鸢飞)、夏(竹露荷风)、秋(冰湖秋月)、冬(踏雪寻梅)四个风貌段。分别展示风筝都四季的自然风貌。

2. 体育、健身文化景区(北宫东街——东风东街)

景区内以弘扬奥林匹克精神为主题，以倡导全民健身运动为主线，串连“七彩五环”和“深柳惠泉”两个风貌段的若干景点(图7-8)。该景区是市府规划的市民健身体育公园(体育场、体育馆用地)的一部分，是市民体育健身的主要场所。景区内有奥运圣火岛、大型露天泳池、潍坊体育名人事迹园等景点，从而激发市民强身健体，为国争光的豪情壮志。

3. 风筝、民间艺术文化景区(东风东街——胜利东街)

景区位于市区内最重要的地段，所以该段的景点应该是虞河景观的重点和高潮。把潍坊最具地域特点的以风筝为代表的民间艺术作为景区的主题是最为恰当的(图7-9)。在紧邻凤凰桥(原清陵桥)北岸设计了一个

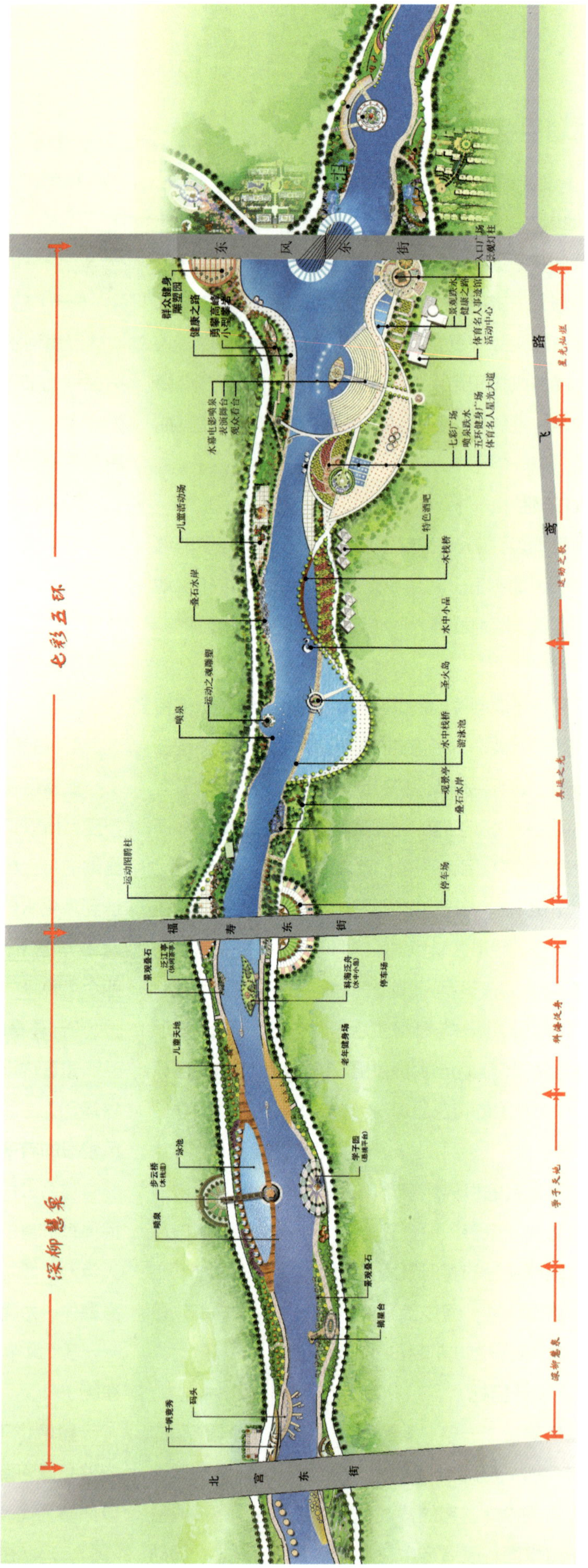

图7-8 体育、健身文化景区平面图

图7-9　风筝、民间艺术文化景区平面图

露天水幕电影院，是人流集中的地方。在桥南侧设计了一个伸入水中的圆形表演舞台，舞台上是潍坊风筝的代表性图案“二龙戏珠”。该图案在夜间能闪闪发光，与水幕电影相互辉映，显现出一派龙腾盛世的壮丽景象，是虞河景观带的一个高潮节点。另外，景区的绿化也以各式风筝图案为主，杨家埠的木版年画，高密剪纸等潍坊传统民间工艺都会在街畔桥头的“民间工艺博物馆”中得到充分展示，使传统民族文化得以弘扬和发展。

4．科技、教育文化景区（胜利东街——民生东街）

景区紧邻潍坊医学院、市文化局、京剧团等文化单位，文化底蕴浓厚。景区内利用原医学院操场开阔的场地设置大型的文化表演广场，结合水中栈桥、喷泉等，形成独具特色的文化景点，另外配以胜利桥头的桥头堡、文化展廊，共同构成了虞河景观带的又一景观高潮——智慧之门。景区内设有科普中心，包括自然、历史、人文科普馆及露天科普场地，潍坊著名的乐道院历史也会在此展出。景区内河的北岸设计了多个与潍坊有关的科技文化历史名人园，达到弘扬科教文化的目的，与景区“兰亭金湾”的主题寓意相吻合（图7-10）。

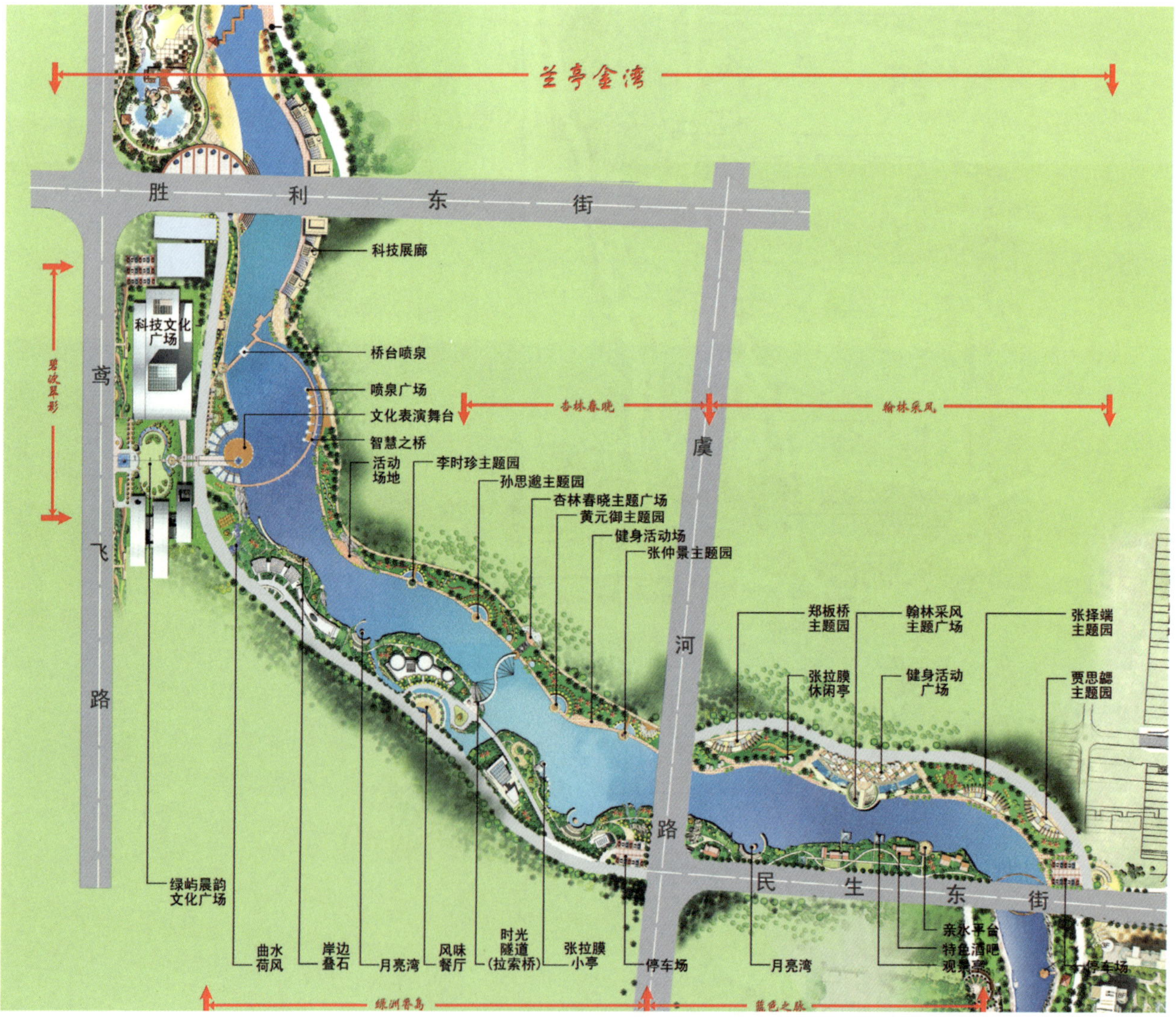

图7-10　科技、教育文化景区平面图

5. 民俗、生活文化景区（民生东街——健康东街）

景区内以反映老潍县民俗风情为主题，建筑形成以明清潍县市井建筑形式为主，反映出潍县古老的历史。景区主要有民俗大观园和小苏州两景点。民俗大观园位于健康街、文化路与虞河形成的三角地带，以商业为主体，出售各种潍坊特色的工艺品及土特产，像上海的豫园及南京夫子庙，古今结合，形成独具特色的商业街。在民主街与文化路之间的虞河畔，设置一条美食街，名曰小苏州。潍县古有小苏州之称，故借用此名，小苏州以潍县特色餐饮为主，灰墙青瓦，小桥流水，酒旗招展，形成生活气息浓郁的老潍县街肆景象。故此景区名为“春泽瑞都”，象征风筝都一片美好繁荣的盛世景象。健康街桥头两侧利用虞河水作为循环，设计多个水平水炮，并与桥下圆形水中喷泉相呼应，在其上游200米处的拦水坝利用水位高差形成瀑布，其上的人行小桥可以观看瀑布及健康桥头喷泉全貌，形成虞河又一个景观节点——鸢城飞瀑（图7-11）。

6. 旅游、休闲、文化娱乐景区（健康东街——胶济铁路）

此段两岸地势开阔，可开发用地较多。充分利用这一优势，设置大量的旅游、休闲、娱乐开发项目。景区又分为“金色九州”“虞水帆影”“五洲风情”三个风貌段，分别设置了戏水划船、游泳健身、游玩探险、旅游度假等多个项目，充分展示了潍坊现代化的发展进程和美好的发展前景（图7-12）。

图7-11 民俗、生活文化景区平面图

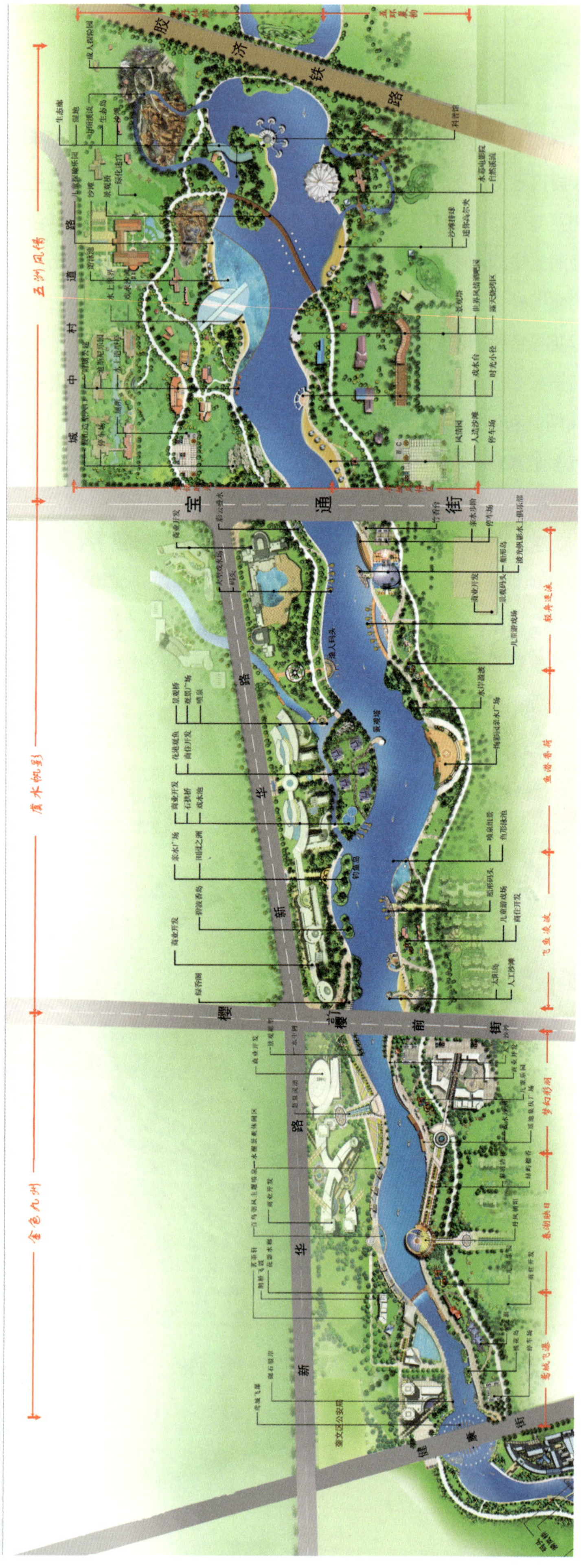

图7-12 旅游、休闲、文化娱乐景区平面图

思考练习题

1. 简述景观设计的准则。
2. 为被污染的一公里长的河道做景观设计方案（应考虑本地地形、气候、历史文化等因素）。

主要参考文献

[1] 戴力农，林京升. 环境设计[M]. 北京：机械工业出版社，2003.
[2] 洪得娟. 景观建筑[M]. 上海：同济大学出版社，1999.
[3] 赵建民. 园林规划设计[M]. 北京：中国农业出版社，2001.
[4] 陈六汀，梁梅. 景观艺术设计[M]. 北京：中国纺织出版社，2004.
[5] 刘蔓. 景观艺术设计[M]. 重庆：西南师范大学出版社，2000.
[6] 易西多. 景观创意&设计[M]. 武汉：武汉理工大学出版社，2005.
[7] 荀平，杨平林. 景观设计创意[M]. 北京：中国建筑工业出版社，2004.
[8] 李开然. 景观设计基础[M]. 上海：上海人民美术出版社，2006.
[9] 丁玉兰. 人机工程学[M]. 北京：北京理工大学出版社，2000.
[10] 李铁楠. 景观照明创意和设计[M]. 北京：机械工业出版社，2004.
[11] 冯炜，李开然. 现代景观设计教程[M]. 杭州：中国美术学院出版社，2002.
[12] 刘梦溪. 中华文化通志·艺文典[M]. 上海：上海人民出版社，1998.
[13] 陈维信，施琪美. 环境设计[M]. 上海：上海交通大学出版社，1996.
[14] 赵军. 环境艺术设计基础[M]. 天津：天津人民美术出版社，2001.
[15] 徐彬. 环境景观艺术[M]. 沈阳：辽宁科学技术出版社，2002.
[16] 张压西. 装饰与雕塑[M]. 重庆：重庆出版社，2003.
[17] 陈战是，梁伊任. 现代园林材料的应用与发展[J]. 技术与市场, 2005(08).
[18] 仇同文. 风景园林计算机辅助设计 AutoCAD2016& Photoshop CS6[M]. 北京：化学工业出版社，2019.
[19] 蔡从. 浅谈视觉错觉在中国古典园林中的应用[J]. 艺术广角，2011.
[20] 娄晓梅. 城市道路绿化景观园林设计及施工要点探析[J]. 江西建材，2020(05).
[21] 牛晓繁. 浅谈色彩景观在园林设计中的应用[J]. 种子科技，2021(05).
[22] 罗梓宁. 园林景观生态规划设计及其可持续发展.[J]. 建筑工程技术与设计，2018(19).
[23] 陈秋艳. 景观园林设计及绿化养护技术的研究与应用[J]. 江西建材，2021(05).